U0275709

SALES
如何打造
最具销售力
样板房
欧朋文化 策划
黄滢 马勇 主编
華中科技大學出版社
http://www.hustp.com
中国·武汉

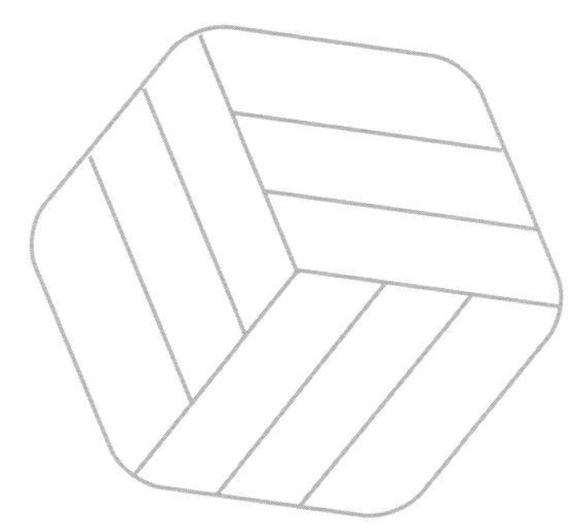

目录

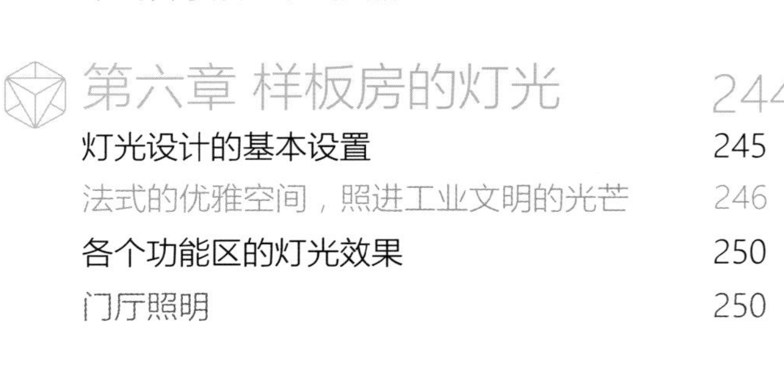

前言

提案的霸气
自我革命的勇气
来自升维思考之后的超前布局

在开发商的眼里，品伊设计是一个相当另类的存在。他们的提案不一定是开发商想要的，却是开发商想不到的。品伊敢想还敢干，提案时面对数个部门几十号人的反对，仍然坚持勇往直前。品伊的领头人刘卫军提案会上还相当任性，面对客户的发难他可以说"我不高兴"，客户还反过来给他道歉；当他认为是对的决不妥协，宁可中止合作也绝不更换方案；面对本已通过方案又临时反悔的客户，能霸气地说"这套板房卖不出我来买"。有人说刘卫军是"疯子"，还有人说品伊设计是一个大疯子带着一群小疯子。为什么品伊能霸气地震住提案现场，能"疯"敢"疯"的底气来自哪里？刷新认知，重新认知品伊，让我们从品伊全案的操作中了解品伊行事的指导原则与操盘技巧。

挑选合拍的客户，长期合作

要想合作顺利，首先要选择合适的客户。客户的选择是双向的，客户需要对品伊有一定的了解和相当的期待。品伊要确定客户能接受品伊的创新思维，能给予足够的创作空间，并且能够较好地执行品伊的设计方案。此外，双方的观念要契合，定位要匹配。比如说品伊提出来的新鲜观点与前卫想法，客户能够理解。品伊设计服务定位是高端项目、精英人群，项目也要达到这个标准才能相互匹配。品伊注重企业的发展前景与未来长期合作的可能。刘卫军说："我们要的是能长期合作的客户，否则一单收到千万又如何，一锤子买卖不是我想要的。设计公司的时间与精力都是有限的，要集中精力服务优质客户，实现收益与影响力的可持续。"放长眼光的合作，让品伊积累了极为耀眼的合作客户，如万科、中海、华侨城、中航、中梁、蓝光、恒大等。品伊会根据每个长期合作客户的属性制定相应的设计文化定位，提供超预期的服务。有选择，才有长久。

作品：大艺术家 · 冬日童话里的美丽世界，项目名称：广州珠江金茂府会所
只有至诚的蜜语浓情，才能启动古老的魔法：让高墙石壁步步后退，无根的落花重回枝头，风云涌动从壁画中破框而出。

对项目的全面了解，精简营销分析

设计之前，对项目的全面了解是第一步。这个了解，不仅限于工程领域、专业数据，还包括对项目营销思路的全面对接。比如项目的定位、价格、目标客户、周边环境、竞争对手、营销策略、企业文化、前期销售、过往设计等。设计师要从营销的角度找到解决销售问题的钥匙。开发商找优秀设计公司做设计的根本目的是什么？不是为了做漂亮的设计，而是为销售加码，吸引消费者买单。设计公司必须有自觉主动的营销意识，才能为客户提出有效并切实可行的方案。此外，品伊还有更高的愿景，不但要帮客户达到销售的目标，还要为客户提升品牌的价值，而且设计出能够成为市场风向标的作品。好的设计是能让项目溢价的，比如2007年曾有个项目单价2万/平方米时卖不动，品伊被找来救场。当时市场流行的主要都是欧式风格，仿佛做高端产品，不是海外舶来品都没有自信卖高价。刘卫军感觉这种随大流的风格不是目标客户真正喜欢和想要的，他反复研究后决定冒险，设想是为"诗礼簪缨之族""钟鸣鼎食之家"做设计。他没有拘泥于中式还是欧式，而运用现代手法，将中国古典元素与欧洲浪漫风情精心融合，营造出极具文化积淀的优雅空间。这个项目的主题定为：藏青亭居，描绘的是一种意境，兼具了古韵与内涵、舒适与浪漫。在当时市场让人耳目一新，推动成交顺利进行，更换设计后该项目卖到3.5万/平方米还供不应求。这样成功的例子在品伊不胜枚举，成就客户也成就自己。

站在更高维度俯看问题，找到打开需求的钥匙

设计公司的核心竞争力是设计能力，做得好不好，自己说了不算，作品自己会说话。设计不仅仅是设计，它的本质是解决问题。对品伊来说跳出设计做设计，设计比的不只是创意表现，更比的是眼光与洞察。不要站在同一维度去思考方案，而要站在更高维度俯看问题。就好比你开车堵在陌生的街道，前面无数的车，你不知道离目标有多远，要经过多少障碍才能到达终点。而如果你有一个空中的视角，你就能确定目标所在的位置，并重新规划路线，避开障碍，走向终点。设计也是一样的，当你从平面维度看过去，问题纠缠成一团乱麻，眼前无数选择让你迷失方向。而当你提高思考维度，俯看市场时，就能洞察客户及需求所在，并找到解决问题的钥匙。比如说，目标客户群定位是否准确，是批发商还是知识分子，是老派传统企业家还是海外归来精英新贵；户型有没有问题，有什么优势要放大，有什么缺点要化解？功能定位是否准确，业主拿来投资，还是自住或是用于招待客户？定位越精准，设计方向越清晰，使用的设计手法越具象，才能铺排细节，勾起消费者心中最真实的欲望。

眼光不要局限在眼前的一个空间、一个户型，其实用什么风格、什么设计概念、什么装饰手法都是技术层面的表现，可以有千百种的设计方案，甚至你的竞争对手做得并不比你差。而只有找到对接客户欲望的钥匙，才能解开问题症结，最快地达到成交的彼岸。

作品：大艺术家·冬日童话里的美丽世界，项目名称：广州珠江金茂府会所
孔雀用碧纱宫扇般的尾羽，叠成一道道缤纷瑰丽的屏障。彩色的眼斑，舒展成绵延的硕大地毯，铺成无数面两色相间的小镜子。

预先设计，指定城市，对接客户

预设计，找客户，再落实，是品伊与其他公司最大的不同。如果把做设计比喻成生孩子，别人是先结婚再生孩子，品伊是先打算好生什么样的孩子再决定找什么样的结婚对象。

别的公司是接单之后才开始做设计，而品伊在制定公司战略规划时已经启动，项目还没出现，研究已经提前进行。品伊有个"创意设计艺术研究院"，研究市场的新趋势、新风向、新时尚、新技术。从艺术作品、新闻、电影、戏剧、服装、珠宝等各个创作领域汲取灵感，提炼出设计可发想的新方向、新概念，在年头和年尾的战略研究会议中，梳理出4~6条来年可用于创作的脉络，并且根据这些脉络，选择研究课题并积累素材。品伊会每年定向研究一些目标城市的地理特质、人文属性、需求特征，再针对这些城市有目的地挑选客户，签单只是将前期的规划落实成具体的项目，结合项目自身的特点、开发商的文化属性，将前期研究的方向和课题融入项目的具体设计之中。所以在项目之前，设计已在积累，在客户发出邀请之前已经确定创作方向，品伊以引领市场风向为己任，给客户超前的概念传输。积厚而薄发，备而后战，自然立于先发制人的有利位置。

作品：大艺术家 · 冬日童话里的美丽世界，项目名称：广州珠江金茂府会所
以吧台为中心，天花上的斑纹与地面的花纹，放射性铺开，成为童话上映的华丽舞台。

回归本源的创作思考

创作要从哪里出发？主流风格、成功案例、开发商的喜好？都不是！品伊认为创作的本源在心，从心出发，发掘人的灵性，扎根土地的灵气，回归生活的美好，复活觉醒审美的时代。向外求诸物质的丰盛，用材质堆砌品位的时代已经过去，向内求诸精神的丰沃，觉醒美的感悟，是现代设计的方向。在忙忙碌碌的生活中，可曾用心感受过四季轮回的美妙，二十四节气交替的微妙？旅行的途中真切体验过自然山水给你的感动吗？有没有听过一朵花开的声音，关注过一只蝴蝶的舞蹈？当我们一天天长大，还记得年少时那无忧的笑声，相信过的童话，没实现的梦想吗？在都市中穿行，还记得脚踩泥地的感觉、手打水漂的动感、拉弹弓回弹的震颤吗？从心出发，回归精神，以艺术复兴人文。品伊将2017年的设计主轴定位为"艺术复兴人文，人文复兴美学生活"。上面说到的创作脉络将从这个主题中延展出来，落实到项目的具体设计当中。品伊从艺术、美学、生活中提炼出创作概念，提纯放大，用当下的创作语言生动地表现出来。品伊的创作会议是由艺术总监来主持，组织设计部、软装部、商务部来进行团队创作，这也品伊创作的特色之一。品伊的艺术总监李莎莉，中国十大陈设设计师之一，是位集美貌与才华于一身的思想者，她说："这是一个物质上足够富足的年代，精神上的匮乏同时发生。从'大艺术家'启动的那一天开始，用人文复兴设计，从美学的角度重新定义生活。这是我的初心，也是责任。我确信，在任何一个时代的经济浪潮中，一个以'复兴美'为己任的平台哪怕它再微小，永远都有感召人的力量，永远都不会消失。我还确信，一个品牌之所以伟大，不仅仅取决于它的市值和规模，还在于它所追求的精神，所坚持的信仰，以及是否能够更加清醒地为一个时代发声。"从品伊近2年推出的"大艺术家"系列作品在市场上广受关注，好评如潮，也可以得知艺术美学的创作方向是与这个时代审美意识同脉动的。

作品：大艺术家·冬日童话里的美丽世界，项目名称：广州珠江金茂府会所
秋日纷飞的芒花如今成了新的羽冠，洁白了森林的童话。

两手准备，自我革命

品伊在提案前一般会准备两套方案，分为两组进行创作。一套求稳，是应客户的要求进行创作，解决销售问题。一套求变，根据品伊对市场的判断分析，以求对新概念、新流行、新形式的探索，给客户提供超预期的作品，以实现溢价。两套方案表现的形式不同，但创意出发的初心源头是一致的。品伊对新方案的设计永远都有更多的激情，每一次都是破茧重生，抛离旧的设计，创造新的样貌。比如新推出的"大艺术家·繁秋"，以新中式风格与现代手法为思维主线，配合中式的禅意意境，使本案在文化气质上热情奔放又不失心灵的归宿感。秋之灿烂、秋之华茂、秋之热烈、秋之喜悦，直达心扉。一出来就大受欢迎，很快连样板房都被一抢而光。刘卫军说："设计上我们先要革了自己的命，颠覆过往的设计，给市场眼前一亮的新设计，成为新的风向标，才是品伊所追求的。"原创很痛苦，但是做成了会很快乐。刘卫军说："设计让我很快乐。"

作品：大艺术家·繁秋，项目名称：佛山绿岛湖
枝头艳红的柿子落在洁白的沙纹上，渲染着秋的华茂。

有料到，才霸道

品伊提案的成功率很高，在九成以上，如果遇到不是那么完美的方案，客户还没提出，品伊已经主动提出撤回。但是，品伊一旦认定的，就会坚定推行。就比如开篇提到的一场提案面对数个部门几十号人的反对，都认为太冒险了，但品伊没有放弃，最后还是开发商的老板亲自拍板定下方案，老板很惊讶：品伊把他构想中未来准备去做的事情，提前创作出来了。品伊不是冒险，而是相对超前。品伊的方案事先准备充分，创意方向明确，创作手法精湛，提案时自然底气十足，那份掌控现场的气势，你可以说霸道，也可以说是自信。这是出自多年经验积累的自信，对项目看法清晰的自信，对创作出品用心的自信。刘卫军说："有料到，才霸道。提案时要镇得住场，先要赢得客户的尊重和信任，这都是靠一个个项目的成绩和口碑累积起来的，有名气、有实力、有底气，才能有霸气。"

超出预期的延伸服务

只是单做设计还不够，样板房、会所、售楼部做的都是生活格调的标杆。空间设计出来，打造的是美好生活的"硬件"，品伊还为客户提供营销推广的"软件"。比如为项目提供营销话题、文化传播内容、情怀体验的细节，像是导入音乐会、花艺、沙龙等，让有格调的生活方式在现场可以真实上演。服务的延伸提升了项目的品位、档次与格调，让客户有更多手段服务消费者，扩大口碑促成销售。提供超预期的服务，也是品伊与客户合作得更长远的砝码。

作品：大艺术家 · 冬日童话里的美丽世界，项目名称：广州珠江金茂府会所
隧道浮台上分明站着一个人，抬头望着最初的太阳。

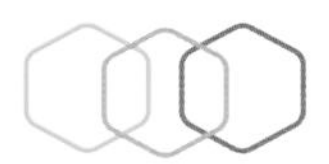

严格执行，不打折扣

品伊的作品施工建造，可以有80%的设计呈现。这在以开发商为施工主导的市场中非常难得，一般公司能达70%的实现度就很满足了。这要求品伊自己要把工作做得很完善，图纸审核严格，细节考虑周到，提交完整；另外还要有一个监督和验收的团队严格执行。品伊要求对每一个细节都不打折扣，客户要更改或替换任何一处，都必须与品伊商定，同意后才能修改。品伊认为，他们从营销的角度出发，对空间的每一细节都已经设想周到。无论是硬装还是软装，都是为了打动消费者而设计，根据消费者的定位，研究他们的喜好与消费心理，在空间动线中设定了多处"钩子"，通过一个个细节勾起消费者心中的回忆、渴望、喜爱与感动，不断叠加这种加分的心理建设过程。开发商无意识的更换，会扰乱客人体验的节奏，并不有利于销售。这样的坚持开始会很难，当开发商终于理解品伊坚持的原因和看到成效之后，就有了更大的信任，后面干涉就越来越少了，反而在合作上更顺畅。

以心为，由心造

对于如何让设计提案顺利通过，品伊的经验就是先要选择互相认可的好客户，要有营销策划的思想，拔高维度俯看问题，找到解决问题的钥匙，提前准备先锋超前面向未来的理念，全面思考严谨布局，一颗红心两手准备，在做提案时要有镇得住全场的霸气。提案通过后，严格执行，还能提供超预期的服务，让设计理念能更好地传递给市场和终端消费者，同时为长期合作积累好评和添加砝码。

讲完提案，这里还想分享一下对品伊领头人刘卫军的印象，刘卫军是有着一对深深酒窝的看上去就很快乐的设计人。他说话响亮有力，思维开阔，反应敏锐。他在创作上可以像个疯子，日常生活中总是兴致满满笑得像个孩子。你如果在年会上看过他表演《贵妃醉酒》时的贵妃扮相，可以知道这是一个多么敢想敢做敢玩的人。他有一颗年轻而快乐的心，所以面相要比实际年龄要小得多，都可以去为化妆品代言了。他是一个富有领导力的人，他的公司核心成员跟他十几年，仍然合作亲密无间。他也是一个率真的人，他可以在提案时说"我不高兴""这个问题我不想回答"，但客户依然喜欢他、尊重他、相信他，这就是个人魅力和实力的体现。他作为一个著名的设计师，却愿意被大家称为院长，希望未来有一天能桃李满天下。他一直身体力行地分享知识和经验，扶持新人。他开设特训营，每年培养20位学校刚毕业的新人，手把手他们做职业规划，帮他们推荐工作。有的新人培养出来，说要去其他设计公司试试，他搭上自己的人脉交情去推荐，甚至还亲自带新人去面试，这种不计回报的付出，让人能感受他性格中的真诚与大度。刘卫军说："以心为，由心造。当你真诚以待的时候，别人都是可以感受得到的，不论对人还是对事，只要用心去做，自然能够做好。"以心为，由心造，成功就是这样用心一点一滴积累而成。

品伊设计刘卫军和他的精干团队

大艺术家·繁秋

项目名称：金茂·佛山绿岛湖项目示范区别墅样板房250户型
设计公司：PINKI DESIGN美国IARI刘卫军设计事务所
陈设设计：THE ARTIST大艺术家
主创设计：刘卫军
设 计 师：陈春龙、黎俊浩
艺术主创：李莎莉
软装统筹：张慧超
摄 影 师：李林富、曾朗
项目面积：530平方米

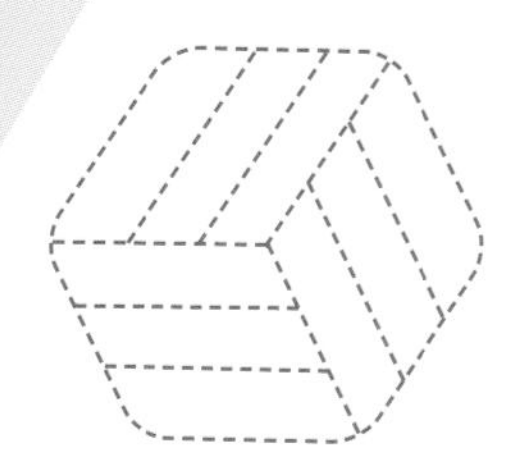

绿岛湖项目位于佛山市禅城区科润路南北、佛山一环以东、东平水道以西。由佛山一环贯穿南北，与老城区紧密相连，片区规划共20平方公里，拥有千亩水域的绿岛湖。绿岛湖作为佛山市"强中心"战略的重要组成部分，产业配套日臻完善，生态环境日展新颜，成为佛山城市升级"一老三新"的重要支撑。

项目定位

大艺术家·繁秋，用人文复兴美学生活。

风格定位

以新中式风格与现代手法为思维主线，配合中式的禅意意境，使本案在文化气质上热情奔放又不失心灵的归宿感。文化底蕴的表达与时尚的诠释也演绎得淋漓尽致，从而衬托出主人的文化气息，给主人带来文化与高贵的生活品质体验。

空间装饰采用相对简洁、硬朗的直线条，选择具有典型红色的家具与造型装饰，搭配中式风格来使用。直线装饰在空间中的使用，不仅反映出现代人追求简单生活的居住要求，更迎合了中式家具追求内敛、质朴的设计风格，使新中式更加实用，更富现代感。

丰富的装饰细节是传统中式的升华，其中饰品可以体现主人品位，丰富空间的文化底蕴，这在新中式上同样有所继承和体现。会客厅沙发背景的中国古代服饰以艺术挂件的形式呈现，彰显主人的文化素养与欣赏水平，搭配白色大理石使高贵有一个新的升华；硬朗的金属条与朴素的木饰面搭配，实现动与静、刚与柔的完美演绎。

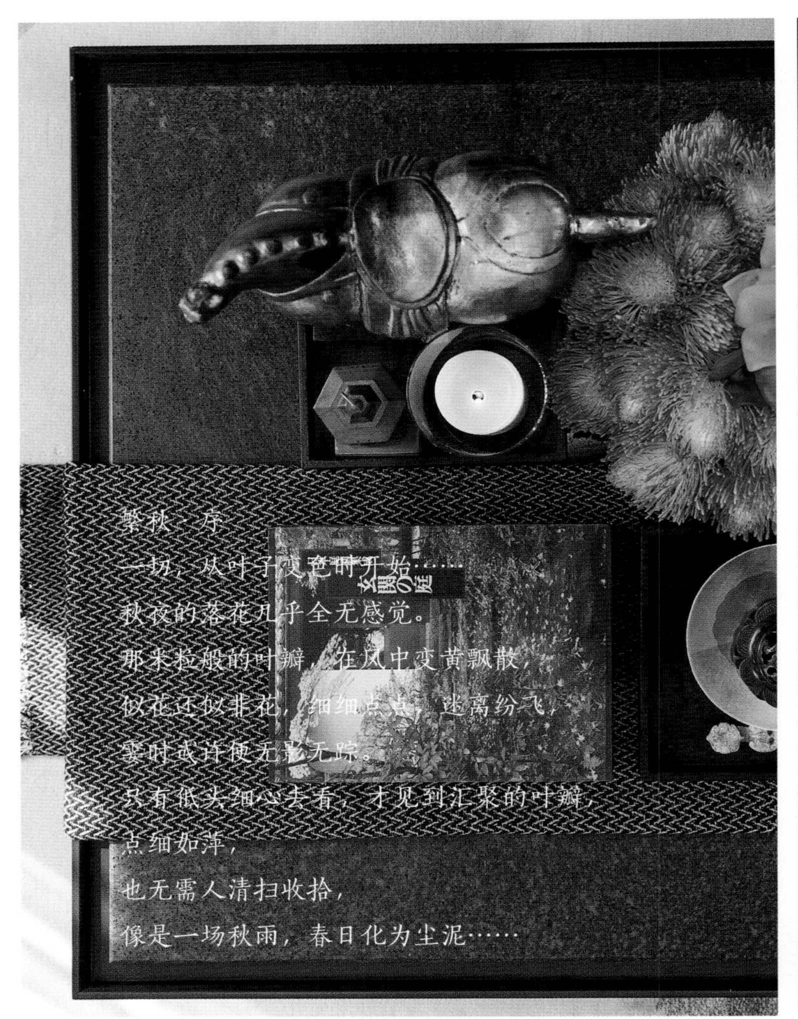

繁秋 · 序

一场，从叶子变色时开始……

秋夜的落花几乎全无感觉。

那米粒般的叶瓣，在风中变黄飘散，

似花还似非花，细细点点，迷离纷飞，

霎时或许便无影无踪。

只有低头细心去看，才见到汇聚的叶瓣，

点细如萍，

也无需人清扫收拾，

像是一场秋雨，春日化为尘泥……

幻想

秋雨染黄了城市，

穿梭在熟悉又似陌生之间，找寻深深浅浅的斑驳曾经。

而暖阳仍炽热，心口上，眼眶里也还清澈，还可以幻想，

幻想披着红叶会飞，幻想乘着芦苇会游。

竹林渐远，红了风轮，歇了骏马，宾朋闻香而来，

柿子生了闲趣，追逐在白色细软的方丘，

飞鸟的白羽成了远近群山的帘幕，露水生根长出簇拥的繁花。

长席之上，红豆站成了桂冠，

等待着杯盏茶香之间的谈笑风生，高谈阔论。

蜡梅早早的开了，零落的梅花蜕却了妆容，成了黑白分明的棋。

棋局已设，花茶已煮，秋的心事谁来解?

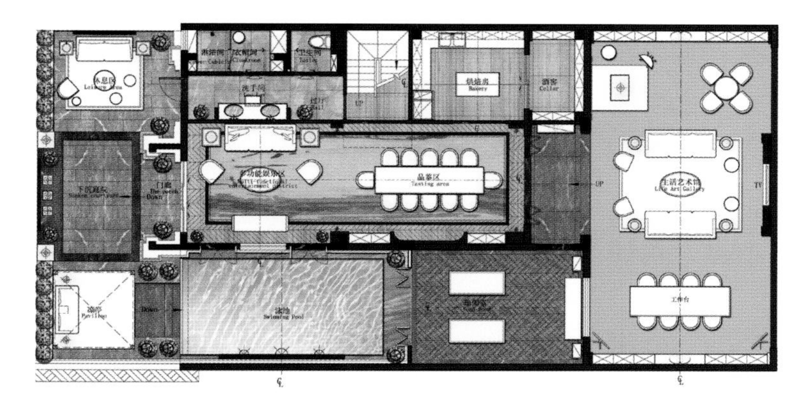

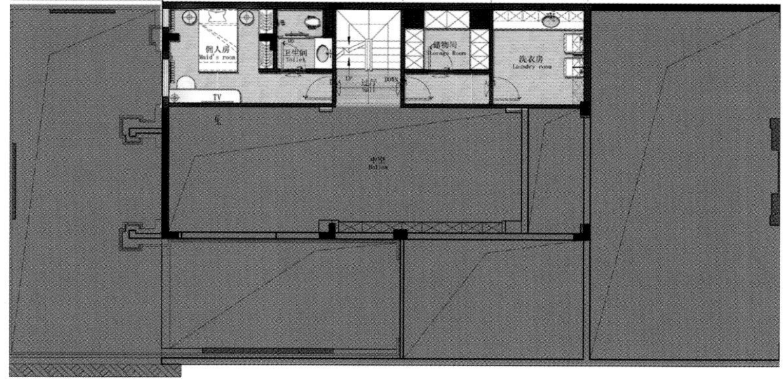

负一层空间

负一层为休闲娱乐空间，承担着对外接待及内部家庭成员的集会、休闲与娱乐等功能。

空间由车库（生活艺术馆）往内层层递进出品鉴区、多功能娱乐区、烘焙房，过道形成一条通透的中轴线，沿着中轴线分出各个功能空间。车库（生活艺术馆）在需要的时候可以变成亲朋好友品鉴艺术的空间，泳池与多功能娱乐区的互动，水景墙的流动性让空间富有生气，动中有静，静中有动，而多功能娱乐区的围合方式，轻松舒适，给空间营造了一个良好的交流场所。生活馆为双层挑高空间，上层侧面间出来的夹层用于安置佣人房及洗衣间。

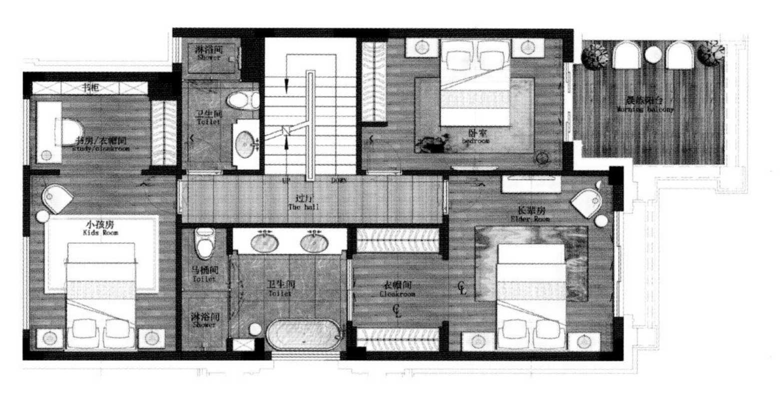

一层空间

一层以家庭成员活动及会客为主，设有艺术长廊、会客厅、餐厅、中厨，整合空间布局形成宽敞的会客厅。严谨的轴线对称关系，展示出空间的开阔大气。

二层空间

二层为睡眠区，小孩房与书房、衣帽间的结合，使用空间的功能性更为升级。长辈房拥有独立的衣帽间，让空间更为高贵。休闲露台是室内空间的延伸，我们通过绿化和景观小品的设置，让人身处露台时有种置身于森林的感觉。

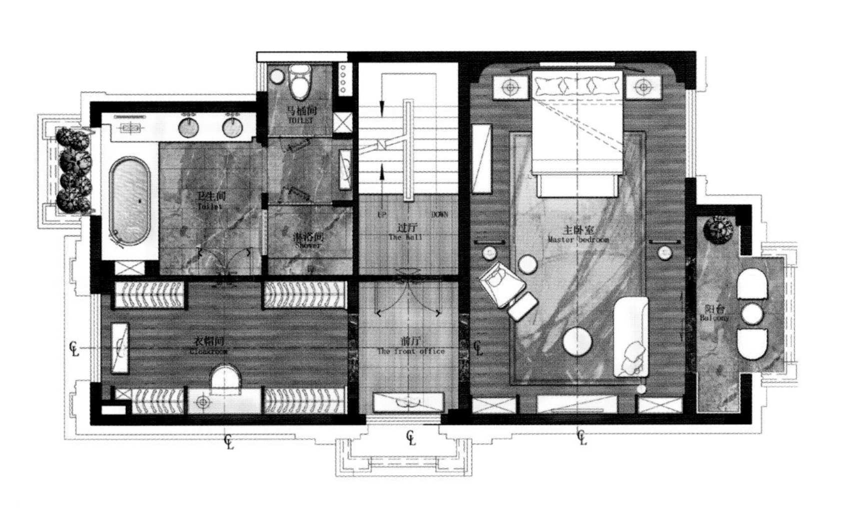

三层空间

三层为主卧活动空间，原主卧的入口狭小局促，动线不顺畅，现方案主卧入口位置调整，使动线变得更加合理顺畅，睡眠区与阅读区的完美结合，让业主享受轻松惬意的阅读时光，奢华的主卧空间带给业主私人定制式的超凡体验与享受。

顶层空间

顶层为星光景观露台，设置休息区与家庭阅读室，一家人在这里享受亲子阅读的温馨场景，不正是为生活奋斗的意义所在吗？

时节

深秋以后，

惦记着山野各处刚刚开始抽出的，

泛着银粉色崭新亮光的芒花。

一簇一簇，一片一片，

随风纷飞在田陌、山头、湖岸、沙堆，

纷飞在墓地、路旁，纷飞在废弃的铁道边，也纷飞在久无人居住的古昔院落。

那银白泛着浅浅粉红的芒花，

波浪一样，飞扬起伏，闪烁在已经偏斜却还明亮晃耀如金属的秋日阳光里。

后记

其实这个作品是在讲秋天，秋天的红叶、秋天的芦苇、秋天的柿子、秋天的红豆，送给秋天来看我的朋友。

我对作品的理解一直是这样的，一个好的作品最重要的是它能够触动你的内心，而不仅是眼前的好看或不好看。一个人只有跟随灵魂的指引而非俗世的规矩去生活，在自由舒适的关系中成为真正的自己，成为爱，才有可能实现他此生最深切的渴望，才会使灵魂获得最深刻最灿烂的欢乐。

第一章
样板房的分类

样板房的分类

随着房地产业的蓬勃发展，人们的消费观念更加理性，购房者在选择房产的时候，注重"耳听为虚，眼见为实"；加之现代网络信息发达，中国人国内外四处旅游，眼界大开，对样板房的欣赏水平与挑剔能力也日益提升，打造一个能让消费者心动，并促成购买的样板房也比以前的要求高得多。开发商不但遍请国内一流设计公司进行投标，并且邀约顶级酒店设计公司与国外豪宅设计名家来参与国内高端项目的样板房设计。

设置样板房的好处非常明显，比如能提升开发商形象，增加客户对开发商的信任。因为样板房的设置就是为客人提供体验，让客户"确认"价值，从而为企业赢得忠诚顾客，形成良好的口碑效应，促进企业的品牌建设。这种亲身体验能让购房者感受开发商的态度。

而且样板房是楼盘的试点区，楼盘开发过程中涉及的各方资源在此提前碰撞和磨合，设计、施工、材料的不合理都可以及时发现和调整，为整个楼盘的打造积累宝贵的经验。

最重要的是样板房是非常有力的销售道具，它为购房者提供几方面的体验：楼盘未来景观、生活配套、生活景象、生活方式的体验。样板区能有效引导客户，提供互动体验，从而缩短买决策过程。

那么该如何打造一个最具吸引力和销售力的样板房呢，让我们重新梳理样板房的整个体系。

样板房，英文名为Showroom，意为"展示的房子"，是商品房的重要包装，也是购房者装修效果的参照实例，可以说是楼盘销售现场最具杀伤力的销售道具。样板房是楼市发展的一个产物，也是住宅文化的一种表现，越来越受到房地产开发商的重视和广大购房客户的喜爱。

样板房按功能分类

情景样板房

情景样板房就是将样板房做成真实的生活场景，每套样板房都根据对真实家庭生活的想象演绎而来。实景情境样板房是装饰艺术与房地产销售展示相结合的产物，它是根据房屋本身的特性及其目标客户群的生活习性而设计的个性化样板房，因而更加贴近目标客户。经过设计师精心规划、美化和艺术化的处理，带给人美好生活遐想。情景样板房还分为楼盘现场实景样板房和搭建临时样板房。前者在楼盘里挑实际单位进行装修，是可售卖的真实单元；后者是在售楼部、展场或卖场里按户型比例1:1搭建出来的，不具有售卖资格，大多展示完会被拆除。目前实景样板房为主流。

交楼标准样板房

交楼标准样板房分精装房与毛坯房两种。国家倡导精装房交楼，精装房对开发商来说也增加了一条价格增值的通道，在一、二线城市为主流。交楼标准样板房就是按交楼标准打造出来的样板房，客户可以在这里看到交楼所用的装修材料和施工工艺，以后收楼也以此为标准进行验收。

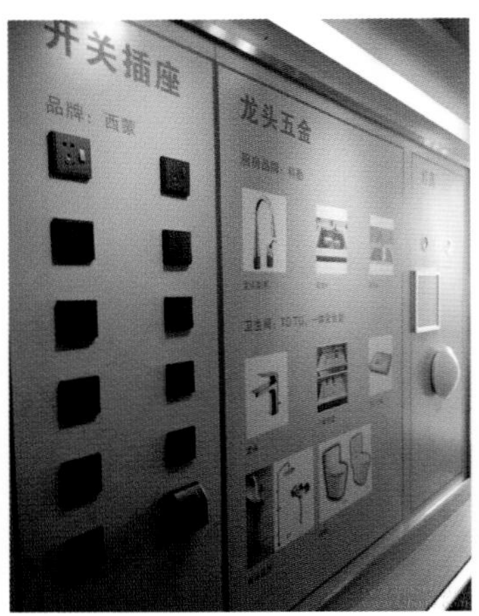

工艺工法样板房

工艺工法样板房可以合并到交楼样板房里，也可以单独设一个空间展示，还有的是放在售楼部里展示。它主要展示和说明装修材料、设备的优势，以及用解剖说明的方式，将装修中所用的工艺以及各道工序下达标状态展现出来，还有的会介绍建筑施工工艺中独具优势的部分。一般来说楼盘产品确实有值得展示的特殊工法才会设工艺样板房，真实的交楼品质的展示已经成为一线开发商（中海、万科、招商、碧桂园）的标准配置。

工艺工法样板房中，可介绍的工艺非常多，如节能系统、门窗系统、五金、钢筋、给排水、电梯、智能化系统、开关插座、强弱电选材、内外墙工艺做法、卫生间工艺做法、室内工艺做法、屋面工艺做法等。有的可以是项目独特的技术，有的是精工制造的品质，哪怕是系统化的介绍，也能给客户留下专业、可信赖的良好形象。

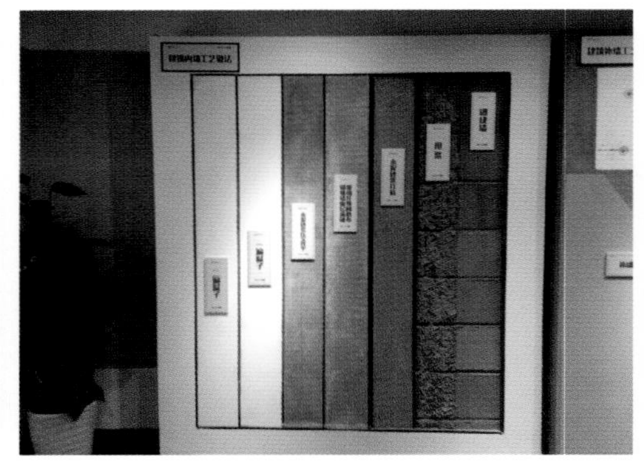

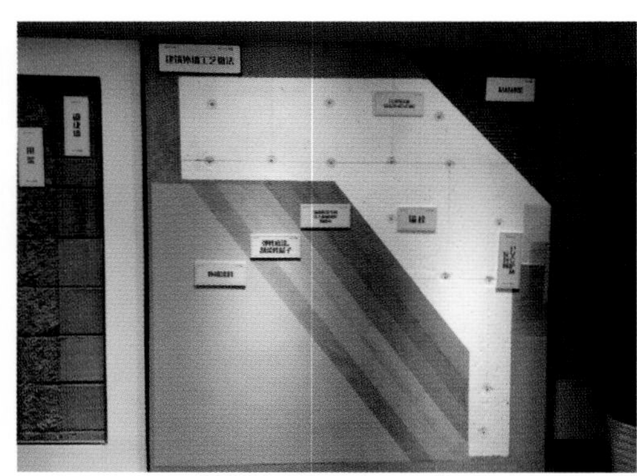

昔日重现

项目名称：重庆东升府
设计公司：梓人设计
设 计 师：颜政

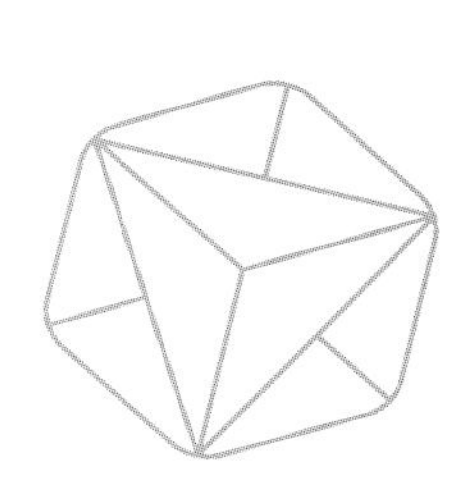

高端别墅对于客户来说不仅仅意味着多几间房子，更是成功者身份和地位的象征，客户往往依据情感和欲望的需求做购买的决定，而非"实际"的需求。因此，客人对于空间的品质及购买过程的体验也更为挑剔。

作为一个高端项目的展示空间，如何去创造一个良好的氛围，让空间变得与众不同，为客人打造高贵、私属、独特的体验极为关键。客户在接触销售的瞬间，他的某种感受便被唤醒，继而流连忘返。虽然空间对于客户来说是一种即时的体验，是通过格局、装饰风格、灯光、音乐、色调、气味等而带来的一种感受。若这种体验恰到好处，直抵客户内心，便会吸引客户聆听、观看、触摸以至对空间的迷恋与"占有欲"。

本案集销售与样板房展示为一体，属于综合性会所。一层为销售区域，带有客厅、酒吧区及卫生间。在挑高双层的开阔客厅里，撷取了欧洲宫廷贵族生活的生活场景精粹，造就出一个纤巧、华美、富丽、充满少女情怀的艺术沙龙。柔美的

线条、细腻的边饰、洁白的壁炉、华丽的装饰镜、黑底描金的精致家具，无一不在张扬着上层社会的审美与品位。在黑与白的铺垫下，粉色的灯具、坐椅、窗帘营造出甜美优雅的氛围，让人感觉是来参加一个18世纪的贵族沙龙，蓬巴杜夫人随时会到场，坐在那张长条的黑色沙发上，用她温柔的眼眸凝望着你，以甜美的嗓音为你介绍除了瓦托、布歇和弗拉戈纳尔，她又发现了哪个艺术天才，并且又有哪些作品问世。通过这个左右宫廷艺术趣味的传奇般的侯爵夫人，你能更深刻地体会到品位、财富、权术、艺术之间的纠缠与互助关系。客厅的另一头是沙盘展示区，当客人对项目产生兴趣后，可以在沙盘区了解项目的总体规划和户型特色。如果相谈甚欢还要进一步沟通，不妨到走廊中段的酒吧区坐下来，边品美酒边做咨询。

二楼主要为餐饮区，布局上以过厅为轴线，贯穿走廊，西接接待前厅，东接过廊，透过过廊的花窗，可以看到客厅高朋满座、衣香鬓影的情境。过厅两侧功能泾渭分明。北侧为中餐厨房、楼梯、电梯和卫生间，南侧向着风景的位置则安排西餐岛台、餐厅休息区与餐厅。在西方的社交圈中，餐厅也是非常重要的交际场所。本案的餐厅最大亮点是双层挑高，顶部露天，在这个开阔的空间里不仅可尽情品味美味佳肴，还可透过天顶观赏四季变化、斗转星移。

三层至四层则为样板房展示区域，为客户展示未来的生活场景。三层是接待客人的娱乐区和客房区，以走廊为界，西侧为棋牌室，深蓝的空间里，西式的桥牌与中式的麻将桌共处一室，你可以将其看作娱乐，也可以当作男人间的斗智斗勇，有时你很难分清，那些影响一个时代的决定，是在亢奋的何尔蒙激发下，还是在睿智冷静的判断中产生。走廊的东侧是两间带卫生间的客人套房。浅蓝的空间设计，清爽怡人，与娱乐区整体格调保持一致。

四层是主人的私享领地，步入式衣帽间、双台盆洗手间、景观书房一应俱全。开阔的主卧室还具有起居室功能，设置有沙发和梳妆台。布置以女主人的审美为先，柔美的装饰格调、精致的室内陈列、舒适的布艺软装，布置出粉红浪漫的情境，收藏一室的旖旎风情。

所见是无处不精致的唯美格调，所感是浪漫舒适的生活气息，如果你被这样的生活格调打动，那么你可以下到负一层，了解本案的全面信息，或者在沙龙大厅与主人好好聊聊这里的规划前景和往来的社会圈层。"千金买屋，万金买邻"，和社会精英在一起，成功就是这样成就的。

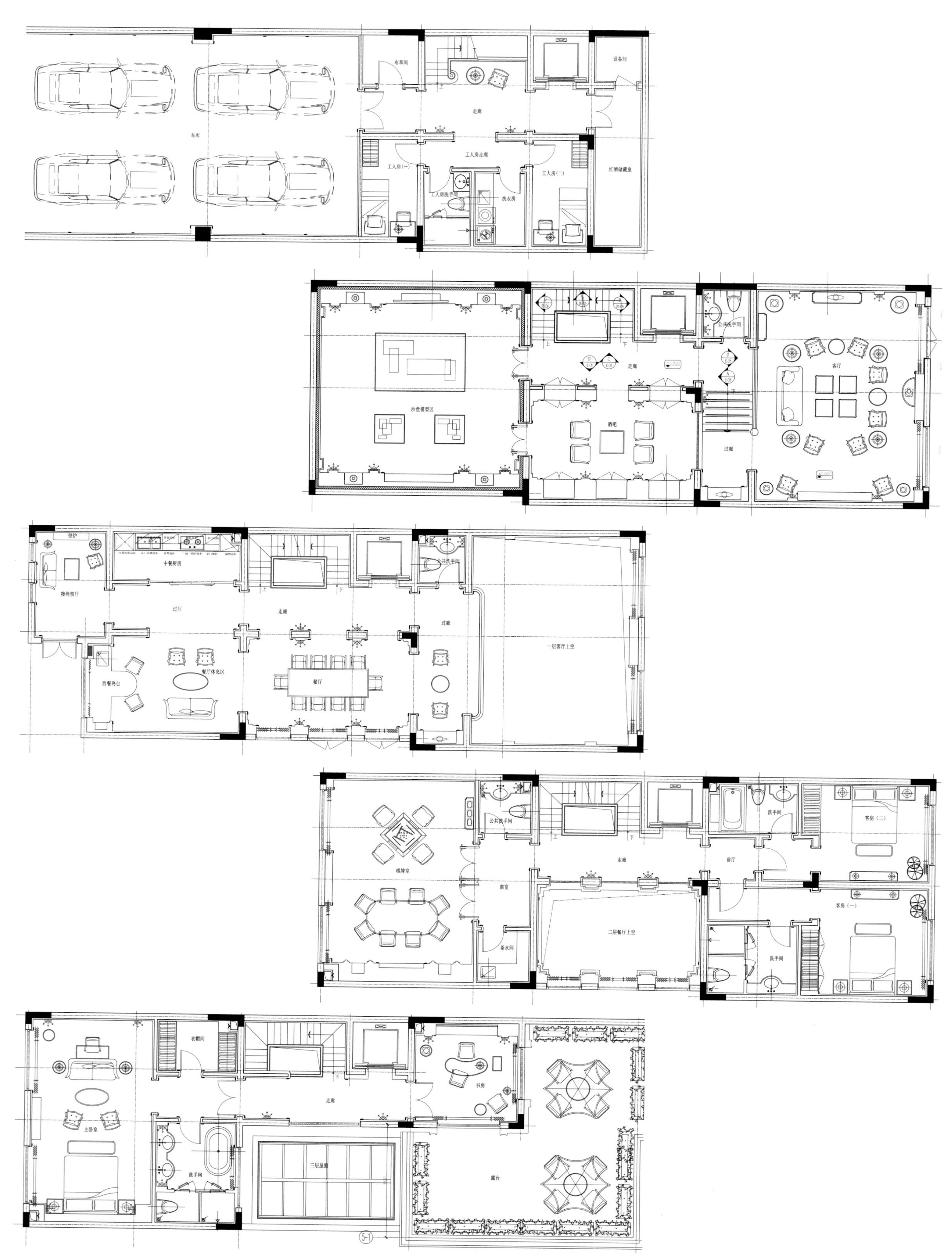
车库
布草间
走廊
设备间
工人房(一)
工人房走廊
工人房(二)
红酒储藏室
工人房洗手间
洗衣房
沙盘模型区
走廊
公共洗手间
客厅
酒吧
过廊
壁炉
中餐厨房
接待前厅
过厅
走廊
公共洗手间
过廊
西餐岛台
餐厅休息区
餐厅
一层客厅上空
棋牌室
公共洗手间
走廊
洗手间
客房(二)
前厅
前室
二层餐厅上空
客房(一)
茶水间
洗手间
主卧室
衣帽间
走廊
书房
洗手间
三层屋面
露台

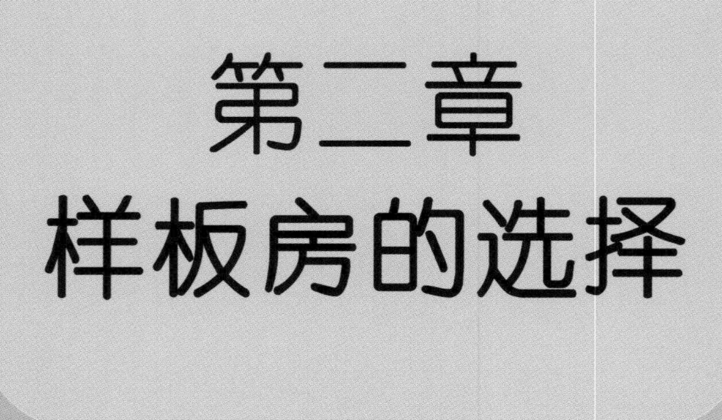

第二章
样板房的选择

选择的标准

样板房是为销售服务的，它设置的地点和楼层要求能方便参观，易于交通路线的组织，与已建设施、环境等结合起来，尽可能地体现小区的环境、区位、景观等优势。以靠近售楼处为宜，可以延续售楼处产生的亲和力，又能给客户提供看房的方便。

样板房户型的选择要求是公司主打户型以及必须通过样板房展示才能加深客户理解的户型。样板房的布置应含从售楼处到样板间沿途的布置（如沿路、楼梯、厅堂、电梯、绿化等）。

样板房应针对目标客户群进行设计，样板房设计应充分展示套型特点，并通过装修引导人们的生活方式，引起人们对产品的认同感。

样板房必须确保人流的安全，方便现场施工。

项目名称：麓湖，景观设计：易兰景观等，摄影公司：存在建筑

位置的选择

实景样板房的位置选择要求如下：

应选择与售楼部相距较近的现楼里。

应选择视野开阔、景观面较好的楼层。

应选择主要功能房与周边建筑无对视、无遮挡的户型。

应该择通风采光效果与室内规划动线良好的户型。

应选择合适高度的楼层，如果板房无电梯，则所选楼层不宜过高。

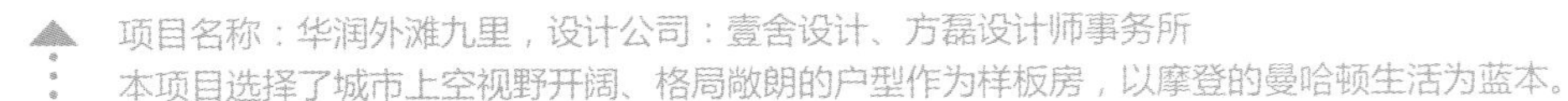

项目名称：华润外滩九里，设计公司：壹舍设计、方磊设计师事务所

本项目选择了城市上空视野开阔、格局敞朗的户型作为样板房，以摩登的曼哈顿生活为蓝本。

端庄优雅
青花蓝

项目名称：长沙梅溪湖3A别墅地下室
设计公司：梓人设计
设 计 师：颜政

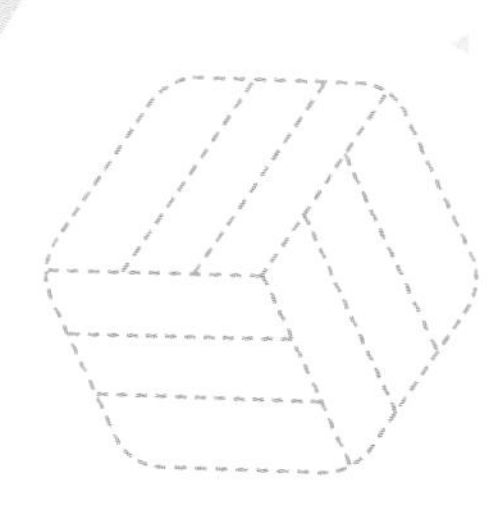

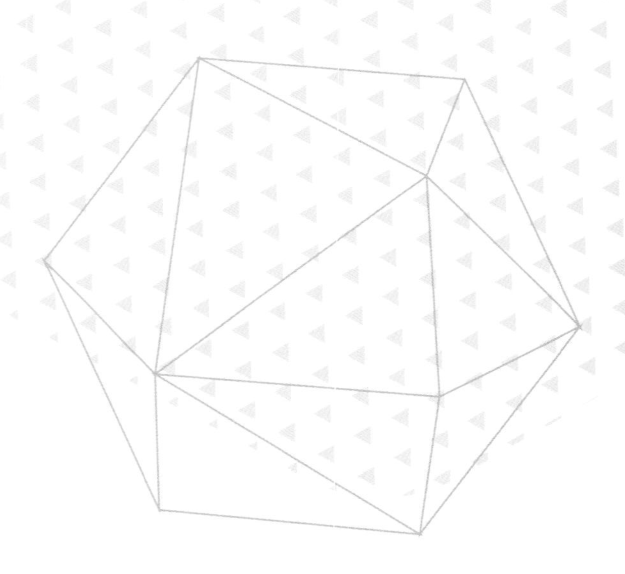

长沙市政府对梅溪湖国际新城的定位是"做两型社会标杆，建高端品质新城"，高起点、高定位是对未来大愿景高规格的期许。买别墅除了对空间开敞的要求，对自然的亲近，对投资回报的预估，还有对未来生活圈层的预先准备。

别墅、独栋、叠墅等曾经新鲜的概念模式，已不再成为吸引目光的有利条件。与任何一个历史时期相比，互联网时代给人们更多的机会去了解世界各国优秀的文化，人们在自身原有的印记上积累了更多的美学见解，已不再需要那些强加在住宅上的各种美学概念，他们可以用自身独到的审美去解读所看到的景象。

此时，地产商开始在原有的空间基础上拓宽赠送面积，以提高产品非同寻常的价值，使人们在同样的投资中收获意料之外的惊喜。纯粹的面积赠送，若没有良好的采光与舒适度亦无人青睐。本案为大家解读如何在不起眼的赠送面积中，通过改变建筑构造，引入采光与空气，实现与地下空间及庭院的交流，增强各空间的舒适感，从而提升与释放空间的品质价值。

本案为长沙梅溪湖3A别墅地下室一层的设计，与常规地下层黑暗不通风的产品相比，本案的一大特色在于直达地面的透天设计。从地面上看，像一个玻璃金字塔扣在地面，让地下空间更为光亮，在室内就能体验到朝晖夕霞、阴晴雨雪、夜幕银河等大自然光影的游移变化。

以往的地下室只是储藏和车库空间，但这里被划分为多个功能区域，包含过厅、桌球室、影音室、家庭活动室、工人房、洗衣房、洗手间及车库。通过设计师令人惊艳的设计，这里成了家庭第二会客厅。设计师没有固守某一种纯粹的风格，在她看来随着社会的发展，表达内在精神的美学也在不断改变，从奢

华极致的巴洛克、古典优雅的新艺术风格（Art Nouveau）到简洁舒适的日式，设计师无需纠结于某一种美学表达，应站在本真的角度，透过收集到的美学碎片，去捕捉人类的内心所感，从而发展出适合当今时代最纯粹的美学审美。因为，最终支撑风格体系的仍是功能性、舒适度与美学的完美融合，美学的背后往往与当时的精神现象相关联，人们透过不同的美学方式寻找到切合自身的精神符号。不同经历的人们带着自身对生命和事物独特的看法，诠释着每个生命不同的精神内涵。于是，无论是经典或现代，只要能蕴含或准确地释放出人的内在，都是人们所梦想和追求的。多元的文化精神或时尚与经典的相互共融是这个时代异彩纷呈的写照。

在过厅首先看到的是一幅来自尼斯费雷酒店的壁画，该酒店位于法国南部，是欧洲上流社会的度假胜地，同时也是法国奢华酒店设计师皮埃尔-伊万·罗切（Pierre-Yves Rochon）的代表作。

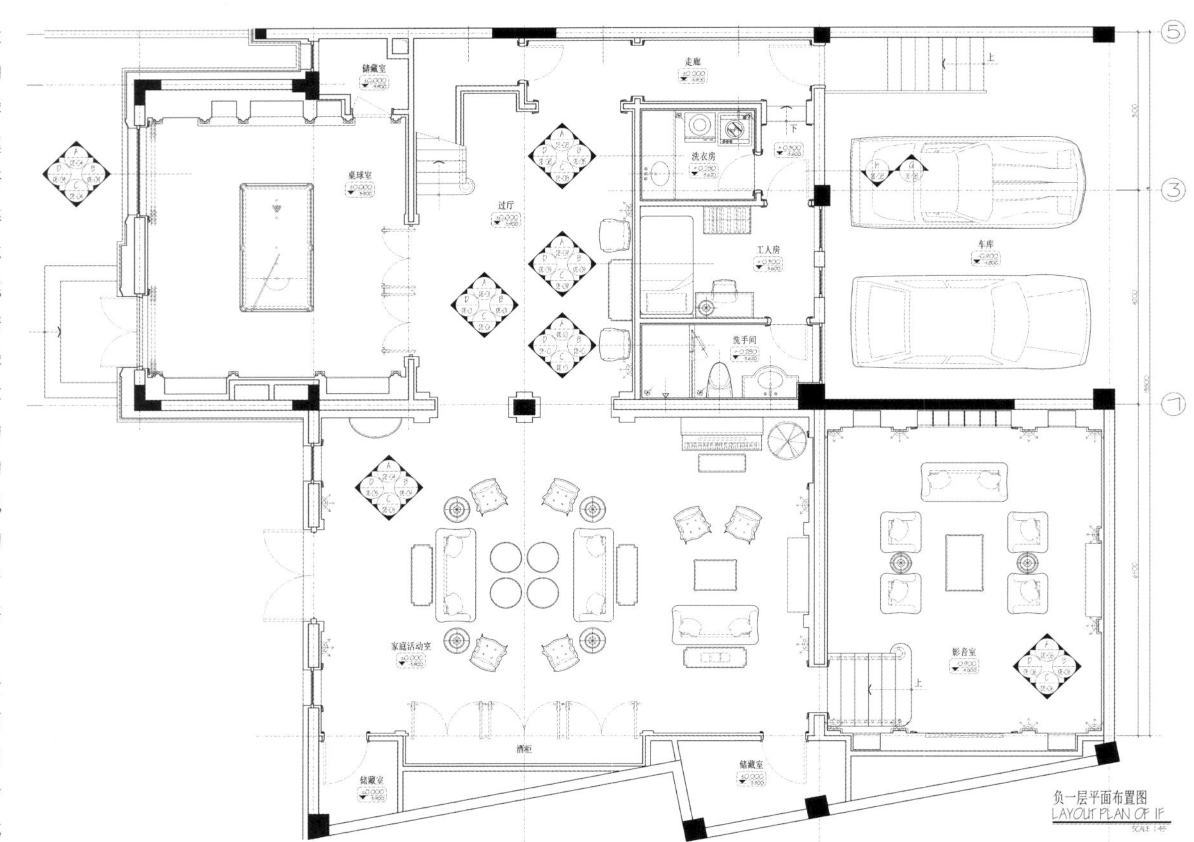

接下来的家庭活动室，蓝白色调的壁纸、抱枕、沙发、瓷器及富有生态感的吊灯，这些有别于二楼老人房的蓝白色调，整个空间的蓝色更鲜艳和亮丽，传统的南欧风格给人以休闲度假的气氛。青花瓷器和摆件让人觉得熟悉却又有些陌生的味道，中国风（Chinoiserie）是欧洲人的一个梦境，它从来不是真实的中国，这种看似欧洲风格的艺术文化，骨子里却流露出浓烈的东方味道，这股奇异的风潮席卷了整个欧洲甚至整个世界。著名设计师大卫·柯林斯（David Collins）以及法国设计师皮埃尔-伊万·罗切（Pierre-Yves Rochon）的作品中都常常可以见到中国风的痕迹。壁纸选自英国皇家御用品牌Cole & Son（科恩森），英国白金汉宫兴建之初装饰用墙纸即由该品牌专供，后白金汉宫室内装饰几经更迭，Cole & Son（科恩森）墙纸沿用至今，在英国皇室、贵族、名流的各种建筑物室内均可见。Cole & Son（科恩森）的设计师从欧洲古堡或建筑、荷兰的瓷瓶和英国乡村的陶罐中获得设计灵感，并加以艺术设计从而衍生出各种精致完美的绘画墙纸。

影音室隐藏在家庭活动室的台阶下方，设计师利用光线条件不太好的空间作为观影的场所，实现了空间的充分利用。不规则图案的棕色地毯、皮革绒布结合的沙发座椅以及橱窗内的各种摆件，为整个空间营造浓厚的观影氛围。

由影音室移步至桌球室，独特的紫色台球桌面点缀了简单的木制地板和天花板。这种不同寻常的紫色来源于法国知名设计师雅克·加西亚（Jacques Garcia）的

作品，他把该颜色的绒布用于Marrakesh-Le Selman酒店接待大厅的沙发座椅。桌球室的对面是工人房、洗衣房及卫生间，洗衣房的方格壁纸及挂画，让人不禁想起了英国乡村的田园风格。

本项目功能明确，布局大气，中轴清晰，布置整洁，而不失文化气息。以中国风中典型的中国蓝提亮空间，化解了地下空间光线不足的劣势，将空间的优点尽情展现。

类型的选择

实景样板房的优点是户型真实呈现，准确无误，可信度高，可以连装修一块售卖，更利于成本控制，施工也相对比较简单。如果要说缺点的话，就是一些户型本身的缺点容易被发现，需要设计师的巧妙设计予以化解，但仍然是做样板房的首选。

搭建临时样板房一般是按1∶1比例模拟搭建，但是有些开发商会有意识地遮掩一些缺陷，所以不够真实，可信度下降，并且销售完后大多被拆除，比较浪费，成本较高。因为是全新搭建的，在室内设计上可以采用一些大胆、夸张的方式进行创作，施工难度比较大，是样板房的次选。搭建样板房的好处是可以避开施工带来的负面影响，保证施工建造不受外界干扰；通过选取好的位置，可以弥补示范单位局部细节如朝向、通风、采光条件的缺陷。搭建样板房在一些特定环境下是必须的，比如有些开发商在商场或某些人流密集的场所做展示宣传，为了使购房者能直观体验户型的优点，也会在这些地方划一块区域搭建样板间。所以搭建样板间的优势在于灵活定位和扬长避短。

搭建临时样板房受环境的制约少，展示形式也可以多种多样。例如，万科曾把样板房做在一个层高10米的商场里，而住宅样板房的层高只有3米，万科将不封顶的样板房做在一楼，流通的客户从二楼向下看，房间布局、陈设非常直观，以此展示户型空间布局。

搭建临时样板房作为营销的道具，促进楼盘的销售，其在销售现场之外具体的范围分为：

在销售示范区集中搭建样板房；

在房展会设置展位；

在黄金街区展示样板房；

在商场里展示样板房。

户型的选择

样板房的户型针对核心消费群而定。设置样板房的目的是要使客户对该建筑物的形式、隔间、布置有个明确的印象，以利于推销。因此，样板房的面积大小也和接待中心一样，须视销售对象而定。一般以主力户型为主，再搭1~2套有独特卖点或综合素质较优的户型。在一些小户型为主打的项目中，样板房会选35~50平方米的主力户型；大众住家产品的主力户型则以二房、三房为主，面积多在90~140平方米；至于豪宅则主要看主力户型的分布和比例，别墅也是选主打户型加1~2套特色户型，进行整栋装修。

主力户型：一个楼盘的户型设计种类较多，住宅项目不是只做一个样板房，出于成本控制考虑，选做几个主力户型的样板房为准。例如大盘的开发策略一般分期开发，而每期的主力户型各不相同，可选择2~3套具有差异化优势的户型作为样板房。

重点户型：必须通过样板房展示才能加深客户的理解的套型。

部分有缺陷的房型：因为房型上的缺陷可以利用装修进行化解，甚至可以转化成独有的魅力，不做样板房有可能会形成滞销。若在销售持续期或中、尾盘销售阶段，某种房型有一定数量的销售积压，选择做样板房也是一个很好的解决销售困难的方法。

文艺复兴 生活品位

项目名称：长沙梅溪湖4A别墅
设计公司：梓人设计
设 计 师：颜政

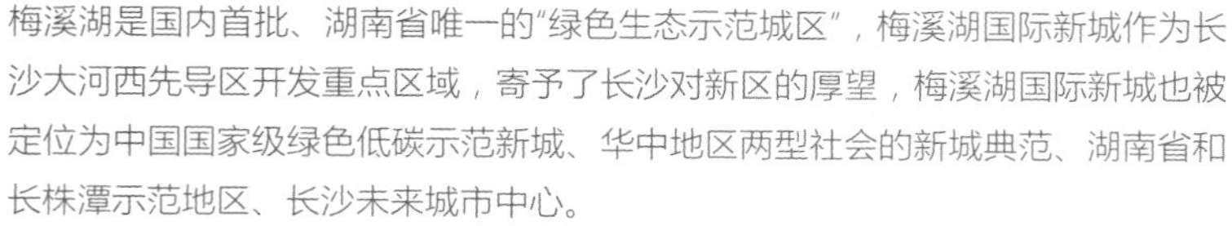

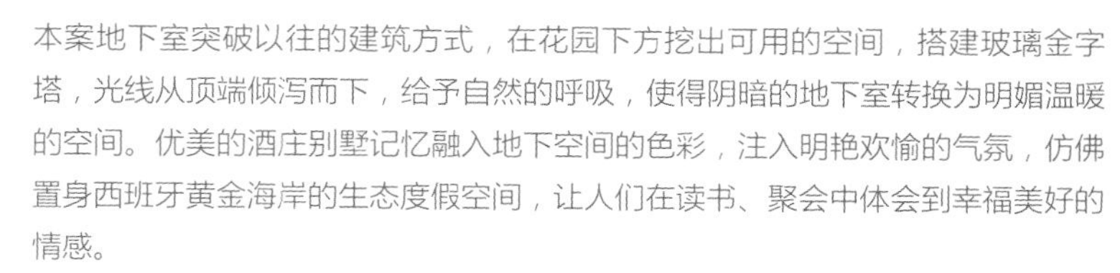

梅溪湖是国内首批、湖南省唯一的"绿色生态示范城区"，梅溪湖国际新城作为长沙大河西先导区开发重点区域，寄予了长沙对新区的厚望，梅溪湖国际新城也被定位为中国国家级绿色低碳示范新城、华中地区两型社会的新城典范、湖南省和长株潭示范地区、长沙未来城市中心。

对于这样一个充满希望与活力，并对于未来发展具有示范作用的区域，怎样提高它的档次都不为过。本案的建筑外立面为欧式风格，开发商希望选用法式的室内设计与之相呼应。将"迪奥"的人文情怀加入到空间设计中，分解属于其特质的灰色调、粉色和独特演绎的玫红，以此作为空间的主基调，并将多种元素组合起来，打造干净利落且富含文化韵味的美学风格。

迪奥公司的创始人迪奥先生是一个唯美主义者，作为天赋过人的艺术家，他还推动了立体主义、超现实主义和新人文主义的发展。本案以古典欧洲风情为蓝本，以文艺复兴当代生活品位。

本案地下室突破以往的建筑方式，在花园下方挖出可用的空间，搭建玻璃金字塔，光线从顶端倾泻而下，给予自然的呼吸，使得阴暗的地下室转换为明媚温暖的空间。优美的酒庄别墅记忆融入地下空间的色彩，注入明艳欢愉的气氛，仿佛置身西班牙黄金海岸的生态度假空间，让人们在读书、聚会中体会到幸福美好的情感。

一层是招待客人、家庭聚会的公共场所，呈现出更为精细化、艺术化的唯美氛围。空间清雅的调子和窗景延伸至湖面，形成对景关系。选用浪漫优雅的法式洛可可手法装饰客餐厅、楼梯间与公共空间。净白的空间里，以粉红色丰富空间的表情。精致细腻的花纹铺陈在空间的每一个角落，从地面拼花、地毯、壁纸到家具都是手工般的精细打磨，描绘着美好生活的蓝图，以及对尊贵品质的坚持。

二楼是家人的生活区，一共安排了三个套房，一间男孩房、一间女孩房与一间老人房。其中老人房的配置相当大气，不但有步入式衣帽间，双台盆卫生间干湿分

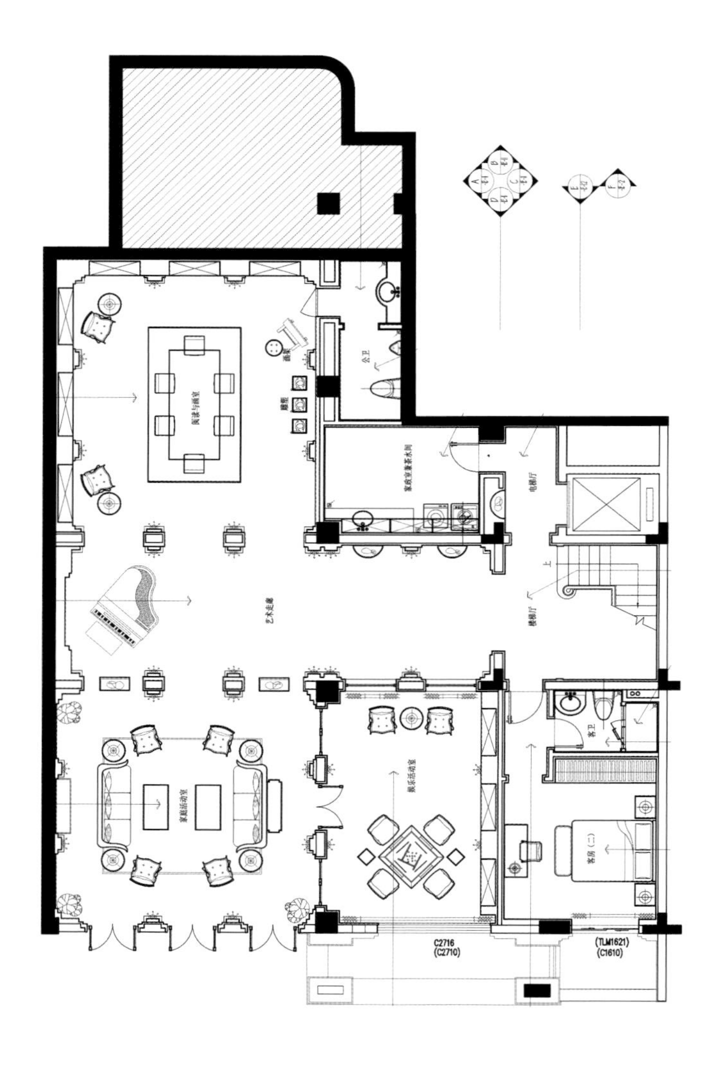

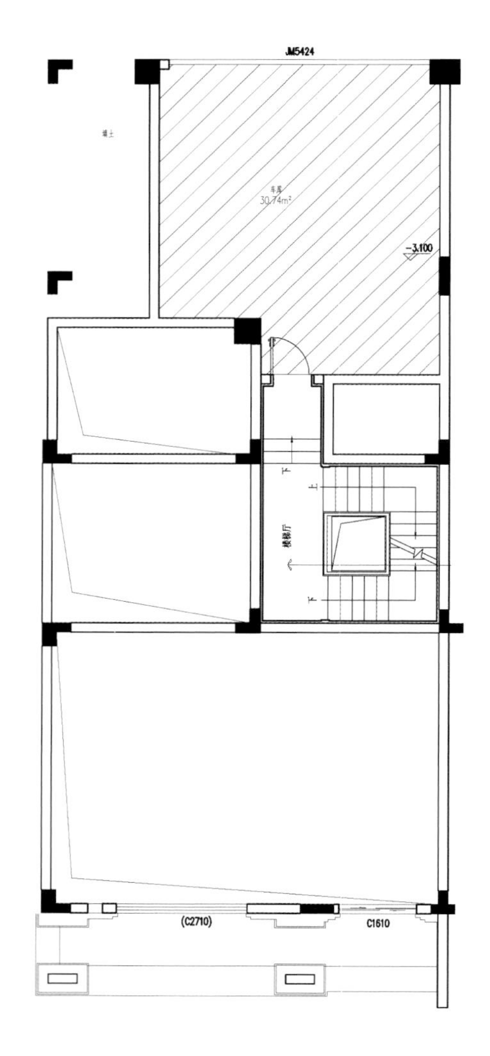

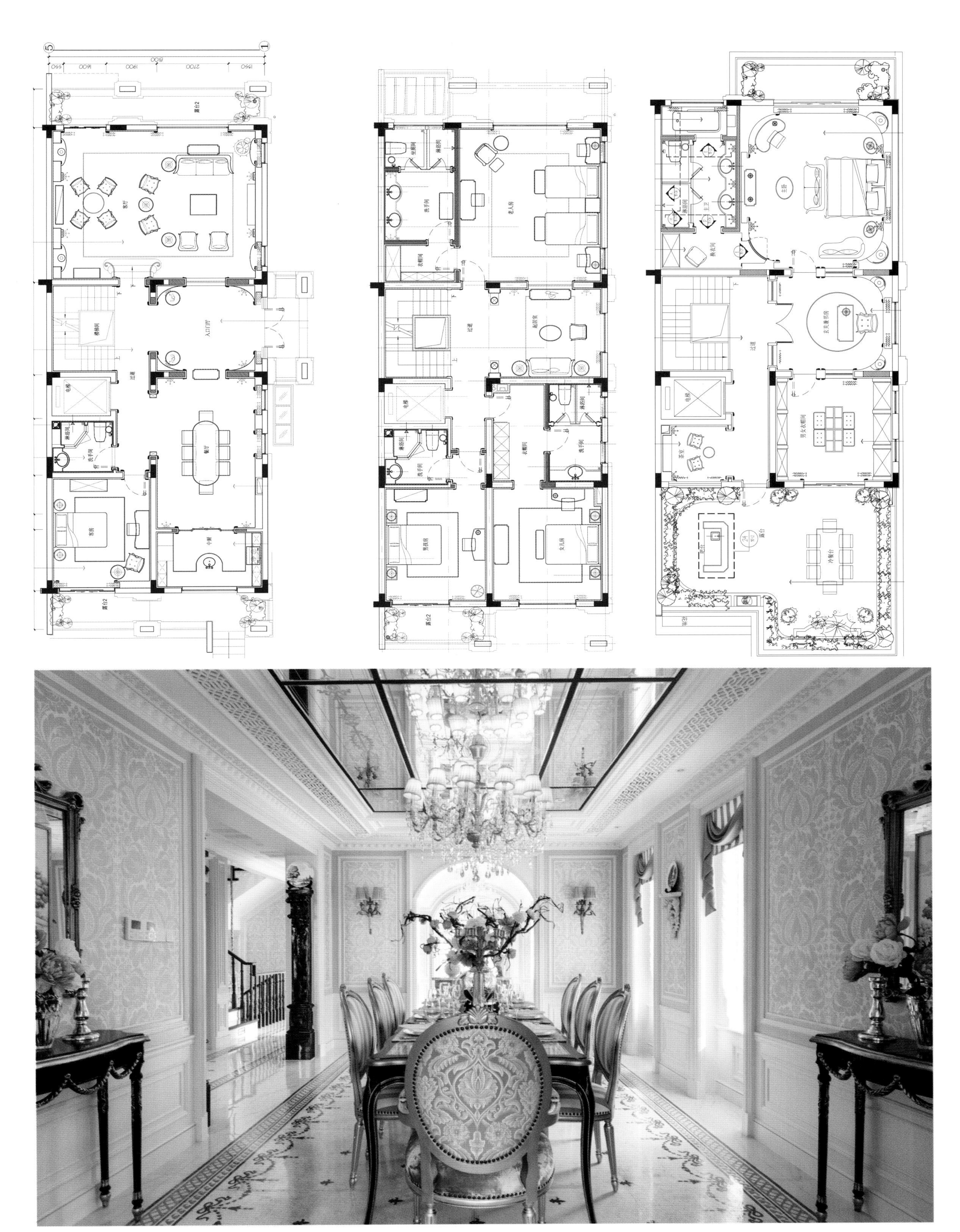

离、洗厕分离，卧房还贴心地设置了双床，让老人既在一个房间相互做伴，又不互相影响。室内设计端重对称，细致入微。红与黑的搭配，以金色、绿色作为过渡，内在热烈而不失沉稳。

三楼主卧室是女主人实现公主梦的私属领地。玄关兼书房，让空间利用最优化。男女衣帽间，空间敞阔，用引领时尚的时装装扮男女主人最美好的形象。全层最梦幻的中心是主卧房，四面圆弧形的围合设计，柔化了整个空间。洁白的墙身，简约的线条勾勒出空间的纯净气质，柱头、石膏线、家具的雕花纹理华美细致，经得起时光荏苒的考验。温和柔美的世界中，明媚的粉红如同空间中跳跃的音符，在空间中或滑出灵动的线，或点亮悦目的面，谱出轻盈欢快的心情乐章。床头靠背墙与对墙青花蓝的风景画及粉红互补，让娇媚的空间有了一份悠远的气质。拉开北边圆弧形的门，可达更衣室、双台盆大卫生间。干湿分离、洗浴分开、沐浴风景的浴缸，是品质生活的情趣体验。三层的户外大露台，设有吧台和冷餐台，无论是与朋友聚会还是男女主人月下共饮，都洋溢着温馨欢愉的气息。

在地下客厅，以贯通南北的艺术走廊为中轴线，将雕塑陈列于走廊尽头，两侧拱形门对称布局，在明暗、起伏的变化中丰富空间的韵味。中轴线西面布置家庭活动室、娱乐活动室与客房。家庭活动室的布局提取欧洲古典建筑的特色，在保持平面方正的基础上，柱顶向天花顺滑伸展，形成对称的弧形拱顶，向天花集中式布局，反映宇宙的和谐规律，呈现出空间的对称之美、节奏之美。娱乐活动室紧邻家庭活动室，设计师利用空间净空较高的优点，做了一个四边形的弧形穹顶，反映了文艺复兴时期，人们对宇宙的重新认知。大红的穹顶与墨绿色的壁身、地毯之间色彩的撞碰形成强烈的对比，令人惊艳。

中轴线东面为阅读室、茶水室、楼梯室等功能区。阅读室与家庭活动室空间对称布局，也为方形平面，天花上开了天窗，明亮的光线洒落在宽大的长桌上，这里可以阅读，也可以绘画，更可以围桌聚会、辩论观点、交换思想，两边墙身镶嵌的弧顶落地书柜，与空间装饰结构相呼应，浸染出浓厚的文化气息和学术氛围。

艺术复兴生活美学，在浪漫的星空下构筑一个梦幻般的生活城堡，是长沙梅溪湖项目对优雅生活的无限礼赞。

数量的选择

视项目的规模大小、分几期开发、主力户型分布与比例以及开发商的实力和预算安排。单体楼多为主力户型+重点户型，也有的全层装修，连样板房带全层的公共空间一起展示。如果是大型小区，分几期开发，有的开发商会每期都做几个样板房，既配合每期的特色，又不断给市场新鲜感。

还有些大型小区开盘时，拿出一栋多层整栋装修，二十几套样板房，既体现出开发商实力，又使每种户型都得到展示，满足更多买家的需求。也有的开发商是划出一个销售展示区，将整体环境做好，挑其中几栋分几个不同户型进行展示，都是开发商实力的体现。

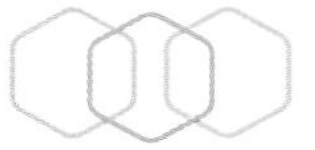

样板房的装修风格选择策略

不同的装修风格，装饰越华丽，工艺越复杂，对品质要求越高，则装修成本越高。不同客户的消费能力、家庭结构与年龄阅历，对装修风格的偏好也是有一定规律可循的。

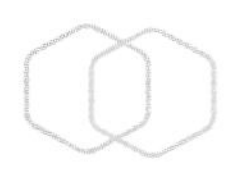

装修风格和客户消费能力关系表

客户消费能力	常匹配的装修风格
较弱	装修实惠的现代风格，简约新颖的风格等
一般	现代风格、田园风格、混搭风格等
中等	档次较高的现代风格、田园风格、新古典风格、混搭风格等
很强	豪华现代风格、中式风格、欧式古典风格、新古典风格、豪华简约风格、混搭风格等

装修风格和家庭结构关系表

家庭结构	常匹配的装修风格
单身青年	现代风格、前卫风格等
年轻夫妇	现代风格、田园风格、简约风格、混搭风格等
三口之家（孩子小）	充满童趣的现代风格、混搭风格等
三口之家（孩子大）	现代风格、古典风格、新古典风格、混搭风格等
三代同堂	稳重、大方的现代风格、混搭风格等

装修风格和年龄关系表

年龄段（岁）	常匹配的装修风格	风格主体描述
20~25	前卫风格、现代风格、简约风格	时尚、现代、个性、不落俗套
25~35	现代风格、田园风格、简约风格、混搭风格	现代、甜蜜、温馨、诗意
35~45	现代风格、新古典风格、混搭风格	轻松、安逸、品位、格调
45~60	古典风格、新古典风格、怀旧风格	品位、地位、经典

珠海翠湖香山国际花园B2户型别墅

软装设计：绿城家居
项目面积：580平方米
设计风格：古典法式风格

珠海翠湖香山国际花园B2户型别墅，从整个小区的景观建筑开始就带有浓浓的欧式皇家气息，干净的全石材外立面，在阳光的照耀下让人感受到大气磅礴之势。来到B2户型别墅室内，米白色大理石从地面到墙面，无一不展现出室内装修的奢华与尊贵。最先映入眼帘正是进门玄关柜的造型与拼花，让人仿佛置身于十七八世纪的法式宫殿。整个客厅、餐厅空间宽敞，三人沙发与双人沙发对面摆放，让整个空间有了更完整的流线，也强化了法式风格的轴线对称感。实与虚完美运用，实体壁炉加虚景古典的装饰镜巧妙地将对面幕墙外景观引入室内。蓝色是法式最具代表的颜色，在这个宽敞的空间中，宝石蓝夺人眼球，点亮了客餐厅。从家具到饰品到地毯最后回到窗帘，面料中古典元素的穿插，不同灰度的蓝色有虚有实，展现了设计师的色彩调配能力。在一层还有2个卧室，分别是女孩房与男孩房，都采用蓝色的延续色——淡紫色、灰蓝色。淡紫色的女孩房，成熟又带些时尚，木质家具上的镜面让空间充满了想象力。而男孩房则恰恰相反，温馨舒适是整体空间的主基调，淡淡的蓝色，在午后的阳光下让人感觉轻松温暖。一层还有一个别具一格的书房，该书房主要对外使用，略带霸气的红色，配上宫廷般的书椅，显示了男主人的威严。

二层则是最为隐私的空间，一上楼梯会发现又有一个书房，相比一层的书房，这个书房要轻松的多，有迷你吧的设置，有大型装饰画的搭配，显得男女主人个性情调十足。过道上不缺有趣的装饰，混搭的装饰画与雕塑的搭配，诙谐幽默。再

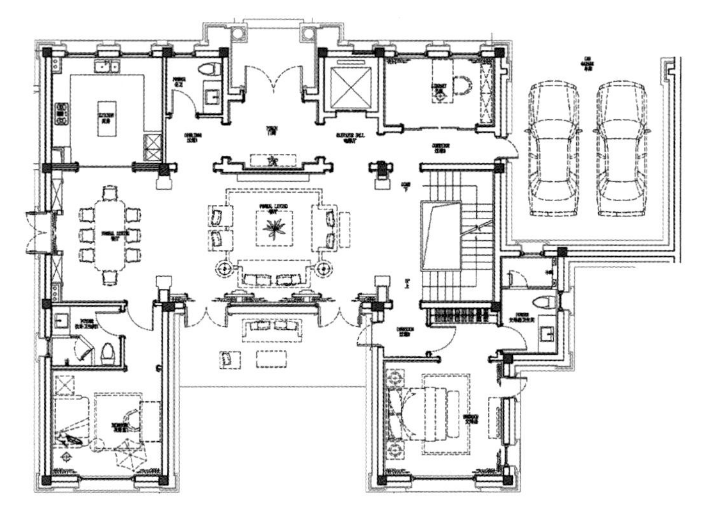

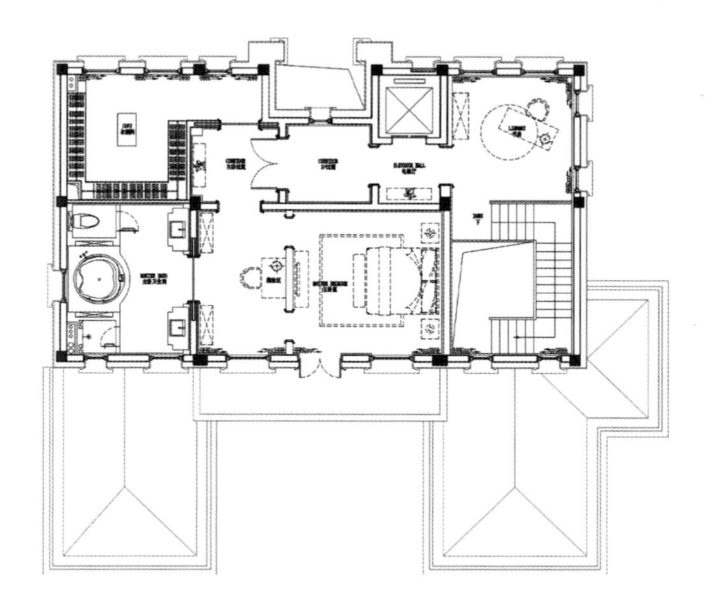

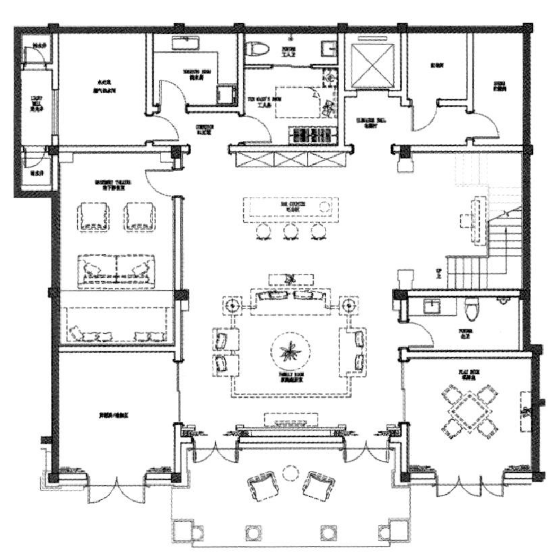

来到主卧套房，同样运用了蓝色，精致的大床，加上奢华的床品，古典的法式的韵味十足。地毯的蓝色套框到床位凳的宝蓝色面料再到蓝色缎面靠枕，层层递进，配上灰蓝的卷草纹墙纸，不由自主地想到《绝代艳后》中的场景，奢华的法式宫廷与家具装饰完美结合。

最后来到地下一层，该层浓浓的酒吧氛围是这套户型中最吸引人之处。楼梯间的吊灯恰好只照亮了钢琴区，让地下一层空间灰暗的灯光与墙纸，有了鲜明的对比，放些富有意味的爵士乐，瞬间可以激发出各位的酒性。在空间中，墙纸的灰调与家具为同一色系，而明度略有差别，灰蓝与黄色暧昧的弱对比，让人不禁浮想联翩。地下室的影音室个性十足，蓝色、红色的对比色运用，让人精神为之振奋。地下室的瑜伽、棋牌区都是与法式生活相融合来设计布置。

看房通道的选择

看房通道是客户参观样板房和现场环境的通道。一般可分为以下两种。

廊道式通道：由于施工等原因修建一个廊道，一方面能保证在工地上安全行走，另一方面能阻挡视线，避免看房者看见工地上杂乱的景象。

开放式通道：看房动线部分景观基本已经完工，并且没有其他施工影响的情况下建造的完全开放式看房通道。

看房通道的设计要点：

尽可能地压缩看房通道的长度，用最简便的方式将售楼处与样板房连接起来，设置安全感强的通道。

要让看房通道更具趣味性，例如透过看房通道可看到部分已经建好的园林、听到舒心的背景音乐、摆设精美的装饰物、铺设地毯等，增加客户体验，提升项目品质。

注重细节，例如在通道上设置指示牌、及时清扫通道上的垃圾等，给客户一个干净舒适的环境，提升项目好感。

将看房通道设计成水上通道，客人乘坐圆形交通工具到达售楼现场，增加看房过程的游乐体验。

前往样板房参观路线上的注意事项

在参观路线上，应详尽地使用指示牌、说明书，布置在走道、通道、门口两侧、转角处、栏杆上，说明方向、使用材料、面积以及注意事项等，给客户带来参观上的便利，做好引导。例如电梯间，明按钮旁嵌有可到达何处参观的标志，内壁上挂关于交接时所安装的电梯品牌的说明以及电梯效果图。

参观路线上一定要保证安全：工地上方的棚架、施工中的灰渣、地面的平整程度、周围杂物和不利的景观等，还有施工人员的人流等因素，都会对样板房的安全产生不良的影响。而对消费者而言的安全远不同于对施工人员的安全教育。消费者在工地上的安全意识很淡薄，所以选择合适的位置与通道极为关键。合适的位置，既要展示卖点，又要消除施工中的视觉和感觉上障碍的地方，一般都在施工现场中最容易控制的区域。

看房通道的引导和包装。

样板房更换与维护

1. 由于项目一般采用分期开发，每期的主力户型不同，样板房可以随之更换。样板房具体更换周期一般依据工程进度及销售进展确定。

2. 样板房是供意向购房者参观的，每套样板房每日都要接待大量的客户，故样板房要注意清洁卫生及室内空气，维护好样板房，让客户进样板房就有走进家的感觉。

南沙保利城样板示范区

南沙保利城在销售部附近划分出一个独立区域做样板示范区，设独立出入口，中心区做景观，围绕景观设有4个样板房，样板房周边也以景观环绕。当今市场，样板环境的设计以卖萌为特色，各种动物卡通形象点缀在园林中，让人发出会心的微笑。

样板示范区
POLYCITY

碧桂园城市花园环境示范区

碧桂园城市花园一期已经交楼，现场实景是最具说服力的样板区，动物的卡通形象点缀其间，活跃了环境的氛围。在售楼部前面的景观区，泳池、水景园林点亮了整个区域。园林中亚热带沙漠植物的点缀是一大特色，在其他小区极为少见。对于不希望客人靠近的位置，是个很好的隔离带。

一座通往幸福的
秘密花园
4.0
智能家居体验馆
Intelligence
停车场
Parking lot
销售中心
Sales center
U街

好感激 当初的自己
现在TA能在这里无忧嬉戏

好幸运 在这遇见你
"回家"成了心中美好的期待

城市花园
凤凰城俱乐部
商业街U街
J330样板房

销售中心

深圳长岭梧桐山别墅

设计公司：玄武设计
参与设计：黄书恒、欧阳毅、李宜静
软装布置：张禾蒂、黄仲瑜、沈颖
项目面积：490平方米（不含阳台40平方米）
主要材料：金箔、银箔、蒙马特灰、黑蕾丝木、黑白根、黑色镜面镀钛、纪梵希白玉

凤凰鸣矣，于彼高冈。
梧桐生矣，于彼朝阳。
——《诗经 · 大雅 · 卷阿》

深圳现代化发展，曾创下了三天盖一层楼的速度，当时在中国绝无仅有，因而出现所谓"深圳速度"的常用词汇，形容建设速度之快。在万马奔腾的现代化城市，快速致富成为人生的重要方向，可汲汲营营下，人们却发现物质被满足了，心灵生活却是贫乏的。人生仿佛只有眼前路，而没有身后身。

自古以来，敦厚深远的文化形塑人的存在，使生活不至流于外表。本案位于白云盘绕、钟灵毓秀的深圳梧桐山。据《庄子》说，梧桐是凤凰唯一的栖息地，考虑到梧桐山的独特处，凤凰遂成了本案的创作主轴。在东方神话里，凤凰属灵兽类，乃完美主义的化身，其精髓在于"和美"，集合人对自然界的敬畏和对审美观的追求，隐含神圣与世俗的包容，两种极端冲突的特质并存，恰与黄书恒的"冲突美学"一脉相承。

在主要空间中，黄书恒以奢华主张的装饰主义为基底，刻画出优美利落的几何线条，贯通廊道、门框、壁面、出风口等，铺陈典雅的氛围。同时也在空间中置入鲜明的对象，诸如现代艺术品、鲜艳的座椅、精致的图腾地毯等，使古典语汇与现代陈设无缝融合，把新装饰主义推至更高层次。

步入客厅，可见上千颗金珠串联而成的巨型花卉，以不规则灯具化为花蕊，侧

LAVIEW

LAVIEW

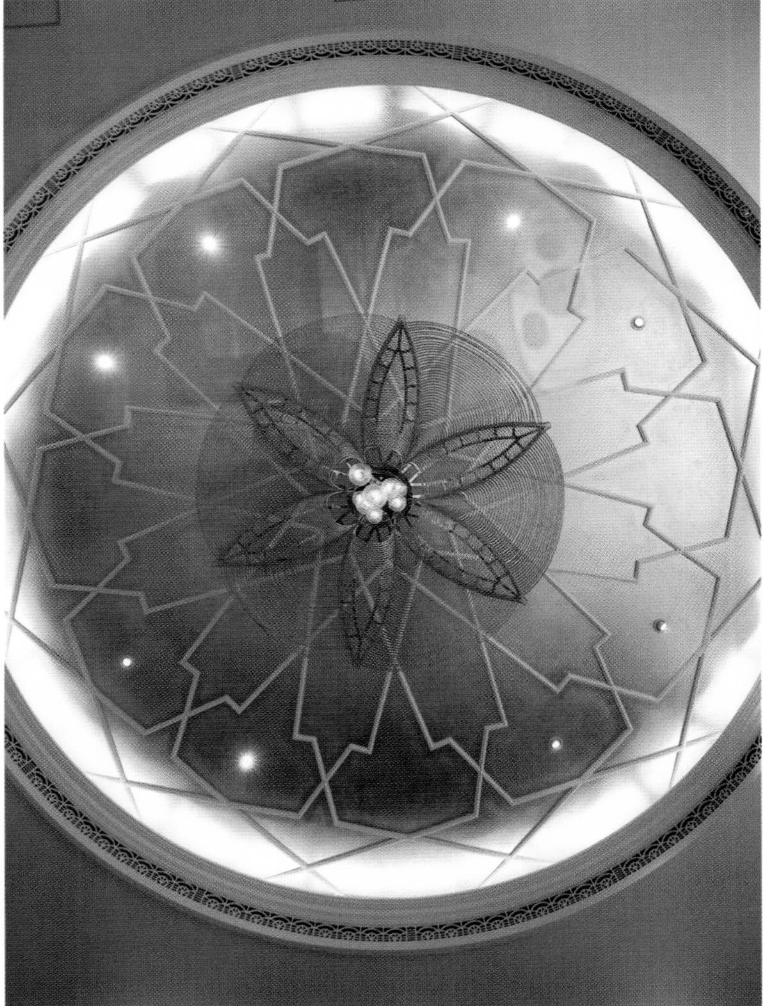

看是灿烂绽放的花朵，昂首却见一株在水中央泛起涟漪的圣洁莲花，动静兼备，瞬时变化。描金壁面以石材相隔，不同材质混搭更添华贵深意。电视柜上大小不一的扇状摆饰，与壁面内嵌的灯具遥相呼应，旁置孔雀蓝沙发单椅，视觉饱满，也彰显着居住者的美学品位。

移步至用餐空间，格子描金壁面，密集序列图腾座椅，无不在形塑磅礴的古典大器。黄书恒却同时注入了现代风格的艺术画、简练线条的灯具，寓现代于古典之中，予人强有力的五感冲击。两种截然不同的风格，在黄书恒的设计中，却自然地融为一体，宛若凤凰的双重性格。

“世俗与神圣能否共存？”多年来，黄书恒持续思索此命题，也于多个作品中实现思考。本案中，他一反其他空间的色彩韵律，在楼梯间采用白色几何壁面及贯穿三层的水晶吊灯，使空间变得清新明亮，同时上开天窗，让天地灵气流泻而下。由下仰望，仿佛是一束从上苍而来的圣光，洗涤居住者的心灵。这种强烈对比手法，不但革新“楼梯间属于次要空间”的定义，也解决联排别墅采光不佳的问题，进一步让楼梯间成为贯穿家庭各个部件的核心，宛如树干般把圣洁的光芒延伸至各个角落。

据《尔雅》记载，凤凰的身体是五彩的。在二楼起居室，黄书恒把凤凰的鲜艳色泽与装饰主义的几何线条完美结合，地毯宛如钻石般光彩夺目，予人深刻的印象。可移动的门板延续对花卉的想象，既能藏纳珍品，也独立成一幅赏心悦目的画卷。

由于处于顶楼，书房形成秘密基地般的私密空间。于醇厚的古典氛围中，不规则的柜子、充满科技感的陈设，再现当代艺术的冒险精神与传统文化圆融互通的意境。空间变成了可随意变换的场所，可以是阅读空间、创作室、收藏馆或电影院，居住者能据其喜好恣意而为，开辟个人享乐的私世界。

凤凰有着绝美的赤红羽翼，与盛开的深红色枫叶相映成趣。老人房以红色单椅为视觉焦点，素雅淡然的氛围中突显喜气洋洋的活力。壁面的白框架像一个镂窗，窗外是绿叶繁茂的风景。亮面柜体的门把手由一只只透明蝴蝶构成，恣意飞动，仿佛是在秋意浓浓的季节里相互嬉戏。

主卧房延续低调奢华的高尚品位。以素白、简约线条为底，空间端庄大方。欧式古典双柱床，配以精细银条编织壁面，旁置古典精致镜子，带来异国宫殿般的情调。开阔的景致前摆放着两张古典单椅，沐浴于山光云影之中，静享山上源源不绝的灵气。

LAVIEW

第三章 样板房的制作施工

一个好的样板房，不仅能在很大程度上让人们品味到居住文化的内涵，更多是激起购房客户的购买欲望，使开发商在项目销售上占据先机，从而赢得很好的经济和社会效益。随着房地产市场的逐渐成熟以及购房客户的理性置业，样板房的设计和装修，开始有了真正意义上的文化思维理念。样板房制作有一个"三三四"理论，即制作精装修样板房的三道工序——设计及整体调配、现场施工、后期配饰摆设，三道工序在整个工作中分别占有30%、30%和40%的比重。

实景样板房对土建施工的参考作用

样板房的设计施工与普通住宅的施工流程相近，主要差别在施工前的规划设计，另外硬装和软装的投入更高，品质更好。

样板房在土建施工环节具有重要的参考作用，不只要做出来好看，还承担着对户型产品进行优化的功能，以及对客户的适当引导。主要体现在以下几点：

1. 建筑户型分板，是否有优化之处。如是否有暗卫，空调位布置是否合理，平面、立面关系是否正确等。表现优点、弥补缺点，适当优化平面。
2. 样板房的设计引导客户做适当的平面改动。在不能改动结构及外立面，也不能违反物业管理规定下，避免引起客户误解，造成交房装修的管理问题。
3. 优化户型内标高关系。户内如阳台、露台、卫生间的降板高度；户内楼梯与门窗的标高关系。
4. 优化门窗洞口高度。
5. 门型、窗型及其开口方式的建议。
6. 建筑外墙装饰效果建议。建筑外墙装饰效果、装饰材料及工艺的建议（含阳台栏杆、外墙面砖、石材、涂料、木作等）。
7. 结构形式优化。
8. 结构图与建筑图是否一致。结构预留门窗洞口和结构板面标高是否与建筑图一致。
9. 梁柱优化。是否有现梁现柱等情况，是否有结构降板影响层高的情况。
10. 设施设备优化。空调机位、热水锅炉、强弱电箱、天然气表、水表、燃气探测器、对讲门机、红外报警、紧急按钮等设计是否齐全（按配置标准）以及位置是否合理。
11. 管线合理优化。阳台、露台、空调机位的地漏、排水立管是否设置合理，户内主要房间是否有给排水明管，是否设置有管井。

冷热水管是否安装到位、预留预埋穿墙沿口是否设置（尤其是结构梁柱部位），尽量走天棚阴角明装（装修时吊顶处理），不得暗埋在墙体或地面内。

卫生间排气口是否设置合理，厨房烟道设置部位及止回阀开口方向是否合理。

样板房户型确定及完成面净空尺寸测算，即轴线尺寸－墙体厚度－5厘米抹灰层。

设计师：连君曼（微信LJM321JM）

格调

设 计 师：连君曼（微信LJM321JM）
摄 影 师：周跃东
施工公司：明月楼装饰制造工作室

本案本来不是样板房，而是设计师为业主量身定制的个性化空间。但在空间的设计和改造中，仍然可以看出没有所谓的完美户型，只有合适的布局。空间格局在不影响结构安全的前提下，千变万化，适合的就是最好的。

设计师为本案定名为"格调"，却非常人意识中的绅士儒雅，反而是藏着一份旁若无人的张扬。

本案以美式粗犷朗阔的风格打底，艳红浓绿的搭配极为吸引眼球，有人会觉得土俗，而在设计师看来对比制造冲突，属于双刃剑，不管是相同纯度、明度、面积的硬碰硬，还是不同流派的强行链接，制造强烈视觉的同时也可能是激活空间的兴奋剂。画面平衡的前提是填补中间落差的节拍，使矛盾双方的对立不至于图穷匕见面面相觑。潘玉良的《扇舞》，同样是大红大绿东西合璧，但能用完美的姿势，以西化的眼光来演绎东方神韵，中间的润滑剂除了她的天赋外，很大优势来源于她的文化底蕴植根晚清民国这色彩浓艳的历史时期，而从底层歌妓到留洋名画家的跨越又促成其多角度审美的融合。

本案用大量的留白稀释了红绿对抗的强烈对比感，水满则溢，月盈则亏，堵不如疏。黑白纹的茶几、地毯进一步化解了色彩的强烈碰撞。中性色调的沙发隐于冲突的边缘，而一旁波普风的沙发又给空间带来一抹调皮的亮丽。

每个擅长厨艺、热爱美食、讲究生活品质的主妇都有一个共同的梦想——拥有一间充满阳光、收纳整洁的厨房，如果还能有个多功能岛台，就太完美了，本案给了梦想一个实现的舞台。原户型的厨房只有灶台附近的6平方米空间，对于精通西式糕点、日本料理的女业主来说，简直不能忍！于是设计师打掉隔墙，把阳台包入室内，并移走餐厅，总算在100多平方米的套房里规划出可以媲美别墅的大厨房。墙位改动导致顶梁暴露，斜吊顶的手法在最大限度上保持了层高。整个厨房用白色的橱柜、岛台中和了客厅的浓墨重彩，清爽的色调恢复了心灵的宁静。

原户型的主卫和更衣室非常局促，于是借助斜角并占用一部分走道面积，用简笔画的手法在走道中勾勒出抽象的骨架。设计师还利用中式园林的借景手法，在转折处设镜框，框里画外重彩渲染，相映成趣。走道上用人物塑像装饰，将走道变成家庭的艺术画廊。

主卧，干净利落的红配黑，色彩虽简，但壁纸上的素描建筑却工不厌细，疏密得当的空间，丰富了生活的情趣。女主人审美偏向大气潇洒刚柔并济，火烈鸟式的壁柜、个性十足的衣帽间，反映出业主的性格特点。

BIG IDEAS
NEED BIG
SPACES

BIG IDEAS
NEED BIG
SPACES

张扬着想象的翅膀纵情去飞

设 计 师：连君曼
微　　信：LJM321JM
摄 影 师：周跃东
施工公司：明月楼装饰制造工作室

见识过连君曼作品的人，都会被她精灵百变的设计所牵引，欲罢不能。连君曼在接案之前，刚读完一部奇幻神话爱情小说，满脑奇幻，灵感井喷，本案的业主也相当有趣："我们除了预算有点缺，胆量和接受力都不缺，随意发挥，好看就行！"于是连君曼追逐着脑海里漫天飞扬的天使、堕天使的翅膀跨入虚空，尝试着用非人类的眼光制造一个异时空的伊甸园。

入户花园包入室内改为休闲式书房，兼玄关造景功能，换鞋凳客串阅读椅，功能的调换与叠加提升了空间利用率。

不知道谁说过，音乐、绘画、文字都可以传达情感，唯独室内设计不可以，连君曼却不这么认为。晴川写过一篇短篇《冰冷的坚强》，虽然故事唯心，但她提到的"一个场，或者说，一个精神空间，或者，叫幻境"这个说法和连君曼对设计的理解很接近，她想："如果我的意念能凝聚起一个精神空间，就可以通过设计的手法实质化，而敏感体质的人，就能进入我制造的意境，感受我想传递的情感。"

在入户花园的空间里要描述的故事是一群小精灵在森林里快乐嬉闹的日子，这幅画面的解析是这样：锯开的原木自然边承板，容易让人拓展思维延伸想象到树木，绿墙代表绿树成荫，硕大而妖冶的红花悄悄攀上窗台，拖着长长的藤蔓探头进了小屋，兔情侣摇晃着短腿坐树梢上聊天……提炼后的元素呈简化抽象的时尚感，而又因为隐藏着梦幻的童话而具备温情。

转过入户花园，厨房也不走寻常路，黑白色的格砖墙个性张扬，高纯度的色彩和白色的强烈对比有种空灵的圣洁。其实选择黑白格墙砖也是为了控制预算。黑白易体现设计效果，在品质上也有保证，比起貌似低价的彩色瓷砖有更强的质感。作为设计师，在预算有限的情况下，需要有双挖掘"零件美"的眼睛，毕竟"整件"包含了他人智慧，而智慧产品大都附带了与之匹配的价格。墙身上水嫩的妖精宝宝揭开盈满晨露的荷叶，瞬间让厨房成为艺术场。

由于餐桌卡在中间，原户型进入卧室区的走道除了浪费面积没有太多价值。于是设计师顺着餐厅砌道弧墙，让餐厅的活动空间和进房间的走道合并，省出的面积划入卧室。这样唯一问题是3扇近距离的门让人感觉单调沉闷，考虑许久把主卧门改为黑色作为视觉焦点跳脱出来拉大差距，而白色次卧门则消融在背景中。

在餐厅里，妖精们在蓝天下狂欢，连君曼想传达的是一种放纵的逍遥，嚣张霸道到极致的自由，对酒当歌，人生几何？幕天席地，纵意所如。厨房改位后管道暴露，被处理为异形装饰柱，黑白马赛克和妖精的条纹衣服遥相呼应，连君曼希望通过平面和立体的穿插产生边界模糊的混乱，这手法类似庄周梦蝶虚实交错的浪漫。可能许多人认为只是买了几把椅子，并不存在设计，而实际即使是椅子的选择，也非常考究，不仅是要考虑最佳性价比，更重要的是提炼碰撞产生的爆发力。绿椅子的色彩和画风都与壁画靠拢，起着"引"的作用，让背景延伸出平面，红椅子的撞色有提神功能，线状的选择是为了削弱体量感，白椅子融入背景避免干扰纯净度，幽灵椅虚化处理是为了不遮挡壁画……设计是思维层层剥解的思索过程，是有意识地引导和控制，而鉴定其含金量标准在于思考的深度，而并非包了多少木板或石材的装饰面。

厨房从餐厅的另一角移到客厅，通透处理拓宽了空间感，同时解决厨房的自然采光。客厅里，白鹿枝头上跳跃着小鸟，西瓜果盘里盛满水果，喜剧揭开序幕，欢快的调侃无处不在。窗帘的细节，黑白条纹的拼接呼应其他区域。

儿童房也充满互动的乐趣，学龄前儿童不太需要隐私空间，互动窗户打开时，两个孩子房拼成一个大套间，增添了许多趣味性。

主卧是一个温馨暖怡的缤纷空间，整面墙的橙色，让心灵充满能量，窗帘缤纷的色彩活跃了空间的氛围。主卫延伸了黑白色块的混搭，但在细节上又多有变化。配合清新的绿和静谧的蓝，给人充满生机的感觉，鹅卵石形的洗手盆也是让人心生欢喜的唯美细节。

这是一个用奇幻想象搭建起来的生活舞台，每天上演着业主一家的喜乐忧伤。

LOVE
If you would be loved, love and be lovable

THE TOYS
ARE BACK
IN TOWN.
TOY
STORY
RAWRR!
TRICERATOPS

RICHARD MISHAAN

THE CRUNCHY GROCER
THECRUNCHYGROCER.COM

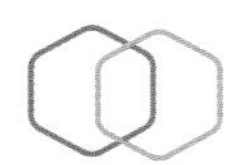

实景样板房的各阶段工作重点

设计及整体调配

设计及整体调配的前期基础工作

对当地房地产市场了解和分析；
户型的了解和分析；
材料成本、性能的了解以及使用的可行性分析；
大批量采购、产业化施工的可行性分析；
对知名品牌信息收集。

设计及调配的原则

以交房户型为基准

样板房是交房标准的具体展现，因此，样板房的设计要以交房户型为基准，偏离交房标准的样板房会使消费者产生受骗的感觉，从而间接影响销售。

加强个性化设计

精装修成品房的个性化始终是个难题，而装饰正是解决个性化的重要手段。样板房不仅要体现交房标准，还要充分利用装饰来展现个性化设计。样板房是在交房标准基础上装饰延展，恰当的个性化装饰不仅可以增强装修效果，加强对消费者的感性刺激，而且可以解除消费者关于个性化的疑虑，引导消费者进行个性化装饰。

销售员容易解说，客户容易理解的原则

样板房不仅要给消费者带来感性的冲击，也要让消费者理性地认识装修风格、装修标准与装修配置。但样板房重感性的冲击作用，因此样板房设计要注意"销售员容易解说，消费者容易理解"。这一原则的重要性在热销时期可以充分地体现出来。

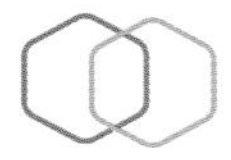

现场施工

现场施工的重要性占样板房制作的30%。在现场施工阶段，为保证装修质量，必须做好施工工艺监理工作、协作单位的配合工作和跟踪到位工作。此外，还要非常注意土建施工图与装修图纸的差异，根据实际情况做好调整和协调。

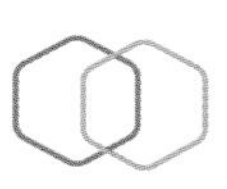

后期配饰摆设

配饰的摆设是样板房的点睛之笔，因此后期配饰摆设在制作样板房中占据了40%的重要性。在装修基础上进行恰当的配饰摆设可以引起消费者对家的人性触觉和拥有的欲望。配饰的选择以与设计风格相匹配并能引起消费生活共鸣为原则。

提前做好装饰方案、提前采购

样板房的装饰方案需要提前准备，所需饰品需提前采购。因为，临时准备可能会发生饰品无法采购齐全而影响效果的情况，特别是在项目推广的热潮期，多家公司、多个项目的样板房同期推出、同期采购配饰品，如果不提前准备就很可能无法购齐满意的配饰品。

设计师现场调整和协调

后期的配饰摆设由精装修公司现场操作，根据不同设计风格配置不同饰品。现场操作还需要设计师结合设计方案在现场进行调整和协调。各种配饰如沙发、床、餐桌、灯饰、窗帘、装饰画、冰箱等，直至最后的一双筷子布置完毕，样板房才算是完整的。

朗基御今缘

项目名称：成都朗基御今缘
设计公司：天坊室内计划
设 计 师：张清平
项目面积：309平方米

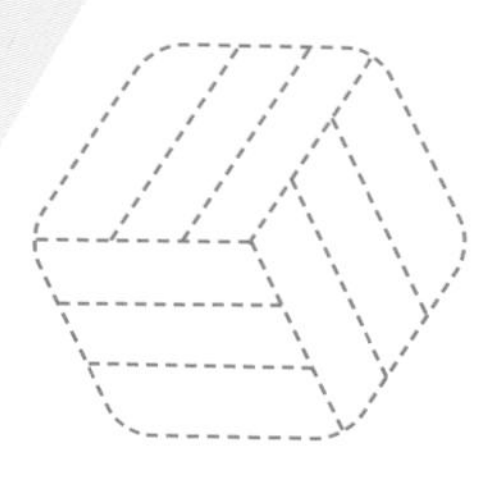

2011年朗基地产推出望今缘，成功开创成都大平层豪宅时代，直到今天望今缘依然是成都城市豪宅标杆。御今缘作为望今缘的升级版，特别邀请成功主持望今缘项目产品设计的张清平先生担纲御今缘的升级设计。

本案为御今缘项目中的别墅产品，三层别墅内隐藏四层空间，打造歌剧院般的尊贵体验。

地下层是本案的一大亮点，在近乎双层的挑高空间里，张清平先生以他浪漫的想象力，描绘出了一个歌剧院般的音乐艺术展演空间。在北面中心区，大理石拼花地面划分出一个宽敞的演艺空间，足够三角钢琴的演奏，以及小型歌舞剧表演，在顶上璀璨的水晶大吊灯照耀下，装点出一个光芒夺目、视线聚焦的华丽舞台。舞台的背景墙上整幅墙面的大型油画以宽敞的剧院走廊为主题，高阔的拱形天顶，拉高了视觉的高度，也拉长了视觉的进深，让人有穿越到欧洲歌剧院的错觉。背景墙上方还藏有投影布幕，拉下影布，这里就是具有震撼观影效果的家庭影院。围绕舞台三面皆是观赏区。正对舞台的观众席可以容纳4~6位观众宽敞观演。东面是书房，也是观众席，可容纳3~4位观众宽敞观演。西面是吧台区，观众可以一边品尝极品红酒，一边欣赏舞台表演，把酒赏艺，此乐何极。南面观众席与东面书房夹角的位置，留做庭院空间，栽一片绿意，享一方清凉，将美景的观赏价值发挥到最大。观众席上层还设了一个夹层空间，是主人的艺术爱好室，放着一组架子鼓，供主人练习技艺，培养个人兴趣爱好。

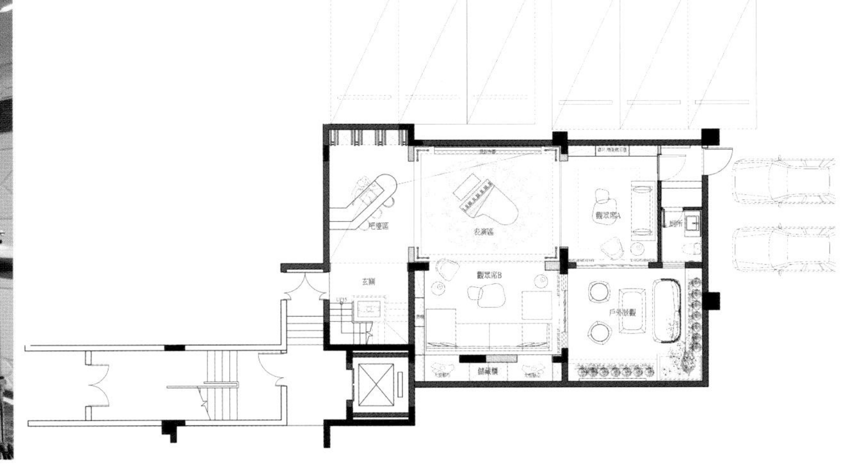

一层是家庭欢聚、招朋待友的客厅与餐厅。设计师收敛奔放的激情，以轻松舒适为基调，打造大都会轻摇慢品的生活情趣。沉稳的色调，沉淀岁月的故事，ART DECO的装饰细节，是对那个灵感迸发年代的赞礼。

二层为卧室区，是业主与两个孩子各自享受私密空间的生活地带。设计师为大小主人精打细算，让每一寸空间都得到最好的利用，而无损空间的舒展与尺度，给家人创造生活的便利与品质。两个孩子在卧室里都有自己的学习区，生活学习齐头并进。主卧是完美生活的典范，超长的阳台，将室外的风光与美景延请入室。在睡眠区，从地面到天花一体化设计，形成一个安稳宁静的围合氛围，主人可枕着明月清风入眠。正对卧床的西面划为书房区，是主人阅读和处理事务的私密场所。宽敞的衣帽间与干湿分离、洗浴完备的卫生间连通，最短的动线内最快地实现生活所需，尽享生活便利。

激情与沉淀，生活与艺术，创新与传统，在御今缘实现了完美的平衡。

实景样板房的施工流程

样板房设计定稿之后，施工流程一般如下：
1. 进场，拆墙，砌墙
2. 卫生间、厨房地面做24小时闭水试验（需开发商完成此任务）
3. 凿线槽，水电改造并验收
4. 封埋线槽隐蔽水电改造工程，闭水实验无渗漏开始做防水工程
5. 卫生间、厨房贴墙面瓷片
6. 木工进场，吊天花、石膏角线
7. 包门套、窗套，制作木柜框架
8. 同步制作各种木门、造型门及平压
9. 木制面板刷防尘漆（清油）
10. 窗台大理石台面找平铺设
11. 木饰面板粘贴，线条制作并精细安装
12. 墙面基层处理，打磨，找平
13. 家具、门边接缝处粘贴不干胶（保护边）
14. 墙面油ICI最少三遍
15. 家具油漆进场，补钉眼，油漆
16. 处理边角，铺设地砖、实木或复合木地板、防水大理石条、踢脚线
17. 灯具、洁具、拉手、门锁安装调试
18. 清理卫生，地砖补缝，硬装撤场
19. 装修公司内部初步验收
20. 软装配饰
21. 软装验收
22. 三方预约时间正式验收，交付业主

项目名称：绿地·黄浦滨江，设计公司：HWCD

轻奢美学生活盛宴

项目名称：东方之冠36A
设计公司：天坊室内计划
设 计 师：张清平
项目面积：495平方米

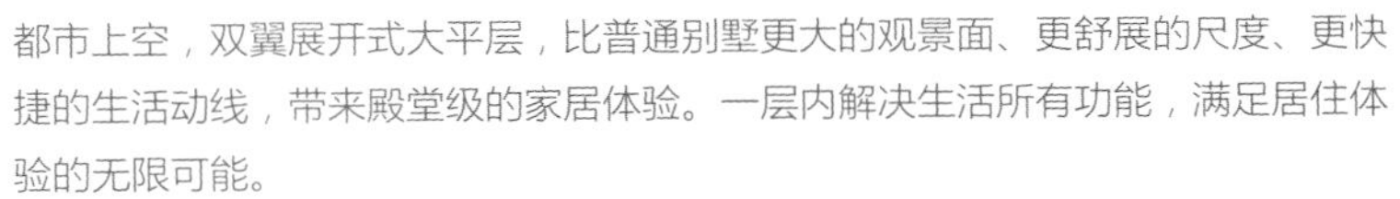

都市上空，双翼展开式大平层，比普通别墅更大的观景面、更舒展的尺度、更快捷的生活动线，带来殿堂级的家居体验。一层内解决生活所有功能，满足居住体验的无限可能。

本案特邀以顶级作品屡屡惊艳市场的设计大师张清平主笔，带给大家一场生活的轻奢美学盛宴。

本案是平层大宅的概念经典作品，采用中轴对称式布局，中心为接待大厅，客厅、餐厅、演艺厅三厅连贯，形成阔朗格局。客厅位居中央，坐拥两扇落地景观大窗，视野纵横极远，大厅两侧各拥一个大型空中景观阳台，坐镇厅中，三面270度景观环绕，阔逸舒放，豪情顿生。设计师将大厅的尺度与景观优势充分放大，去除不必要的遮挡，给空间更多留白，天花的大梁以弧形板正反相扣，形成波浪起伏的韵律。在中心区摆放三张长型沙发，半围合成巅峰社交主场，主人可与尊贵的客人把酒言欢，尽享指点江山、纵横捭阖的乐趣。

餐厅设计在客厅的西面，接近厨房，以便在最短的动线上实现功能的对接。独立的厨房配专属工作阳台和储藏室，不但让收纳井井有条，而且在超大的厨房空间里配独立岛台，便捷的流程设计，让下厨的人游刃有余地展现厨艺。客厅的东面设为演艺厅，特设名品钢琴，举行家庭派对的时候，可以现场演奏，传递音乐的欢乐。

双主卧也是本案的一大特点，是主人一家尊享私密生活的专属领地。本案三间卧

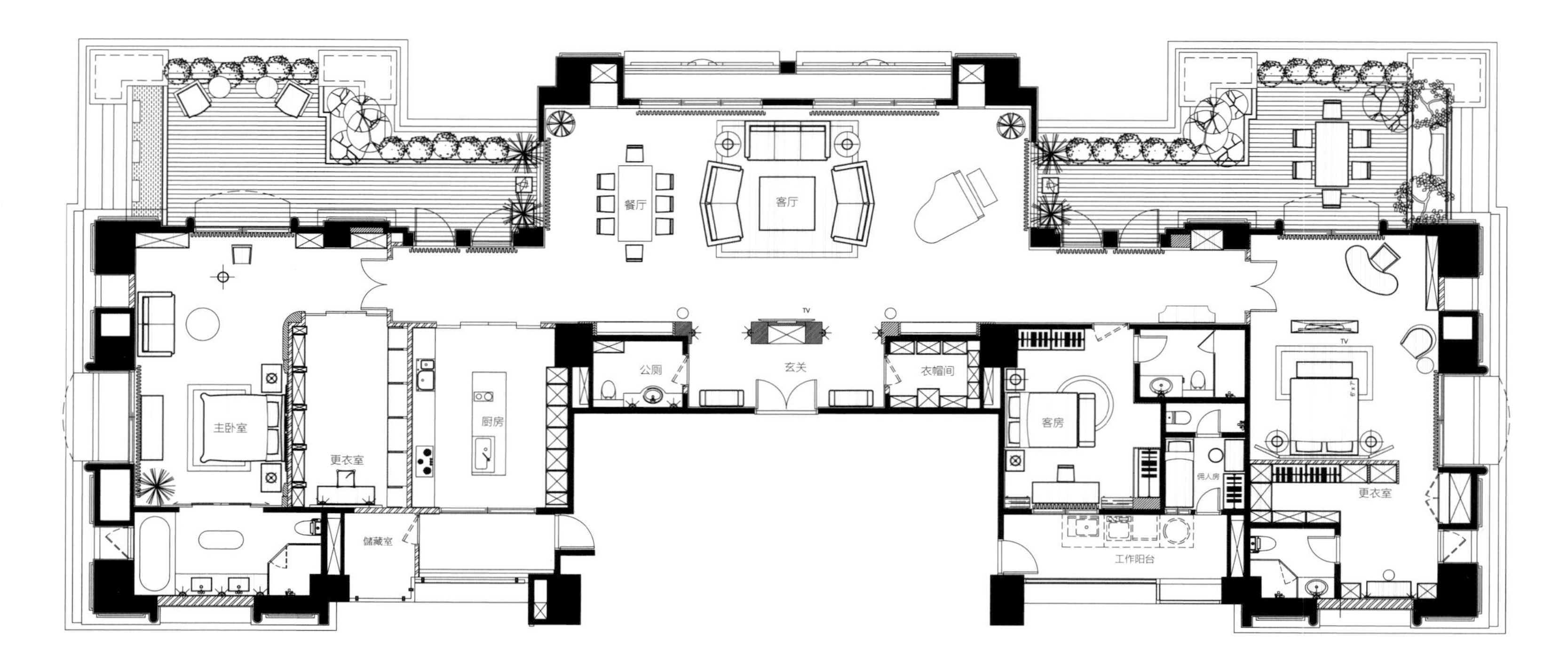

房皆为套房设计，西面主卧室尺度最为开阔，拥有超大步入式更衣室，收纳四季华服，如同自家的时尚秀场；而双台盆大型卫生间，干湿分离、洗浴独立，畅享私密尊荣。卧室直接连通空中景观阳台，尽享星空下的浪漫生活。东面集合了双套房及佣人套房与工作间，虽然功能高度集合，双套房尺度仍然保持舒畅豁达。其中一个套房也按主卧室规格设计，卧室中不但更衣室、卫生间一应俱全，还隔出了起居室、梳妆区，也是直接连通空中景观阳台，朝迎太阳东升，夕赏晚霞满天，自是风光无限。

这样大尺度的户型，既要保证尽显户型优势，又要让居住者感受舒适，做到人宅相扶，考验的是设计师对尺度比例的精准把握，对豪宅生活的深刻体验和对室内氛围的高明引导。设计师张清平游刃有余地排布好功能格局，从前厅的玄关，两侧的衣帽间、公厕到厨房岛台，每一个细节看似不动声色，却让每一个环节流畅衔接，同时在色彩上以沉稳优雅的黑搭配尊贵华美的金，不同的功能区，设定不同比例、不同明度的金色，丰富空间的层次，营造出不同的氛围。高明的设计，就是让生活在其中的人尊享高贵品质，同时坐拥轻松愉悦。

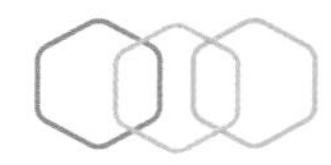

临时样板房的制作

临时样板房可适应性广，受地理环境的限制小。相比实景样板房，它在管线的铺设方面更节约成本。

当然临时样板房也应该按交房时的结构进行展示（如梁、柱、管道等），如果有必要还可在显著位置进行说明。

另外，临时样板房一般采用砖混结构、钢架屋顶结构。

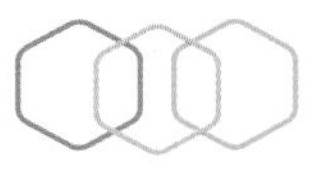

工法工艺样板房的制作流程

1. 可选一间清水样板房，建议选择结构简单，面积偏大，具有各种设计优势的户型。

2. 与工程部交流、沟通，在他们推荐提议的基础上，重点结合目标客户购房的关注点，整理提炼出需要展示的工法。

3. 通常可供展示的工法有外墙、屋顶、内墙、防盗门、窗体、隔层、卫生间地板隔层、特殊管道等，可根据项目实际情况凸显产品优势卖点。

4. 与工程部和施工单位沟通，如何将这些工法结合样板房进行展示。有些工法可以直接利用样板房的实体展示，如内墙、防盗门、窗体、隔层等；有的无法利用样板房实体展示的，可制作1:1的实物模型在样板房内独立展示。

5. 展示方式：利用样板房实体展示，只需将实物根据工法一层层解剖，附有文字详细说明即可，1:1实物模型展示也是同理进行说明。部分客户关注但是又很复杂的工法，可以采用图文并茂的解说方式，让客户更容易理解。

6. 完成以上工作后，请广告公司对样板房做简要布置，完善客户观赏动线及通道、室内布局、配置指示说明标牌等。

碧桂园工法样板房布置图

碧桂园金属栏杆构造

碧桂园铝合金材料

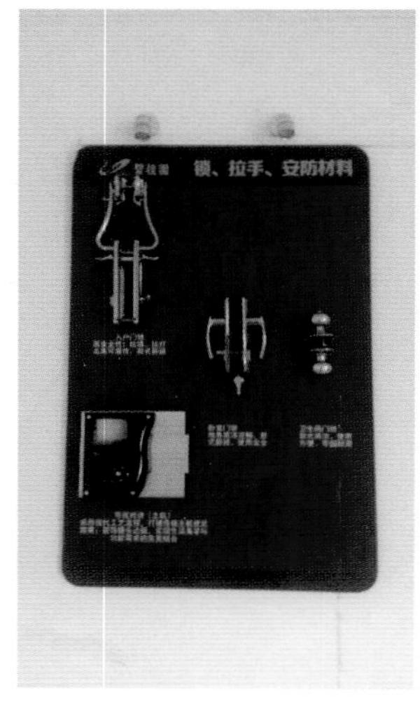

碧桂园石材材料

碧桂园锁、拉手、安防材料

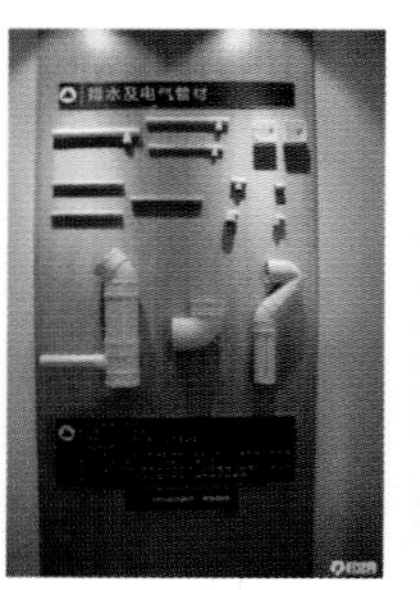
招商雍景湾烟道工法样板

招商雍景湾排水及电气管材

招商雍景湾墙面砌筑工法样板

招商雍景湾墙面砌筑工法样板

招商雍景湾门、锁、窗材料展示

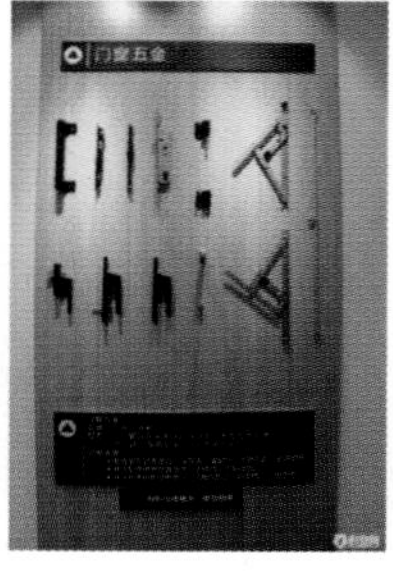

招商雍景湾门窗五金材料展示

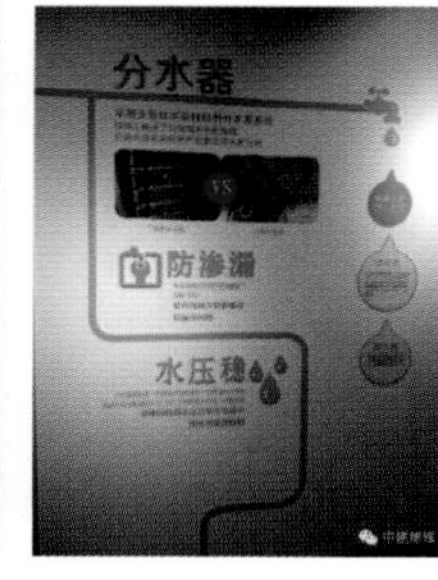

万科东方传奇分水器介绍

万科东方传奇分电器介绍

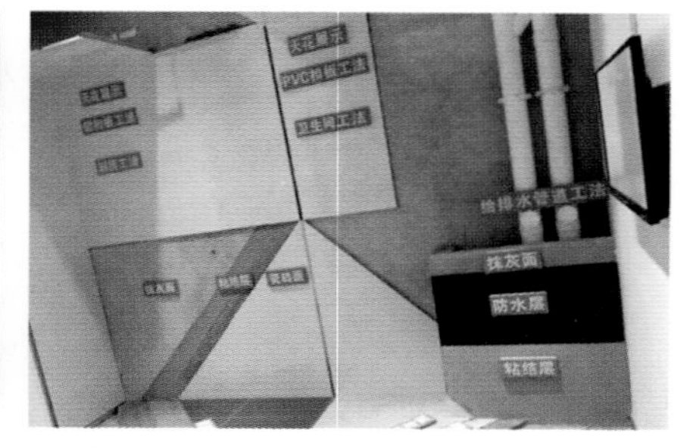

万科魅力之城工法样板

样板房的标识

样板房是最好的销售道具，但是销售是要传递信息的，这就显示出标识牌的重要性了。一般样板房门口都会有一块铭牌，上面标示房屋的平面图、面积、朝向等信息。进入样板房，就是销售的关键时刻，要让空间的特点、户型的优势完美地表现出来。如果客厅对面的景观是一条河流，可以在阳台上贴一个标牌：从这里望去，可以看到某某河上最美的一段风景。如果卧室尺度足够开阔，可以设两个衣柜，贴一个标牌：这样开阔的卧室可以装两个衣柜，男女人和女主人都有独立的衣柜使用。如果社区配有完善的防卫报警系统，应明确标示出来：周全的防卫系统，直接连通110报警电话，让你的家安全无忧。如果客厅里放了一架施坦威钢琴，很有必要标示出来：世界顶级名琴——施坦威钢琴，与你一样对品质生活精益求精。通过品牌突出样板房的档次，任何值得炫耀的品牌都应该让购房者知道。

交楼标准样板间，不但要标注装修标准的材料，还应注明交楼的工艺标准，方便业主对购买的房产状态有明确的认知，在选择装修套餐时也明确如何选择。

工艺示范样板房在标示上更加讲究，不但要展示出工艺制作的流程，还要提供验收的标准，介绍文字不妨详细些，有的还应配施工示意图，方便客户理解，并对开发商产生技术过硬质量良好的优良印象。

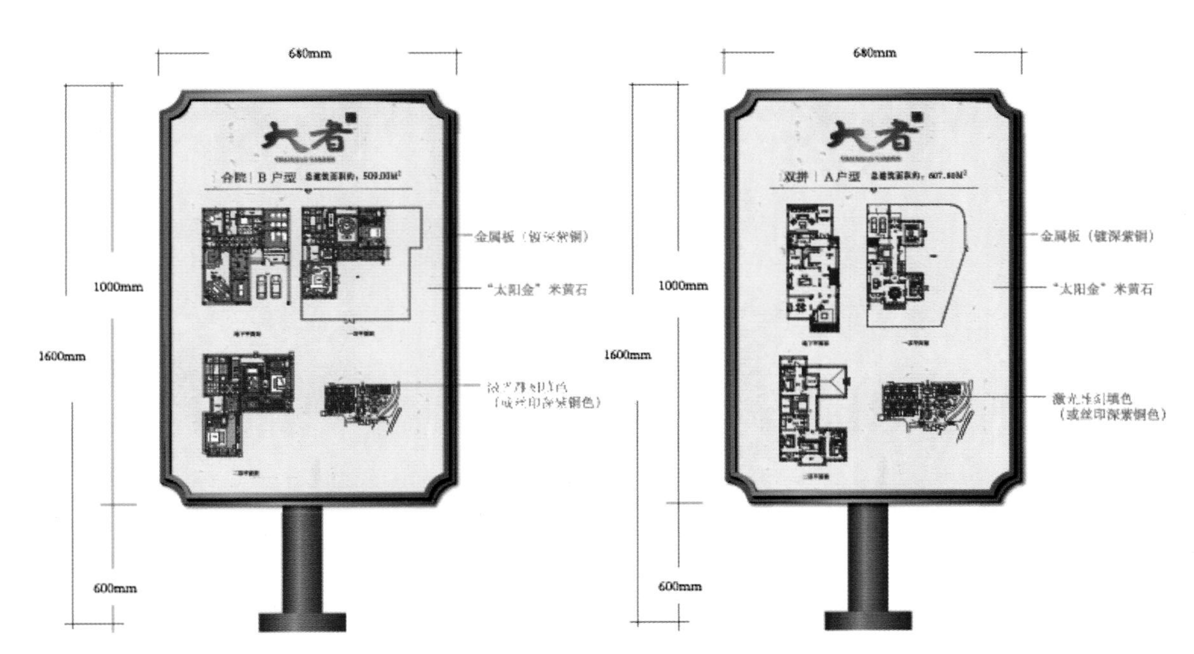

标识

贡院指示牌、华府样板房指示

思想派工地样板园林围挡，子洋君Kingsley提供

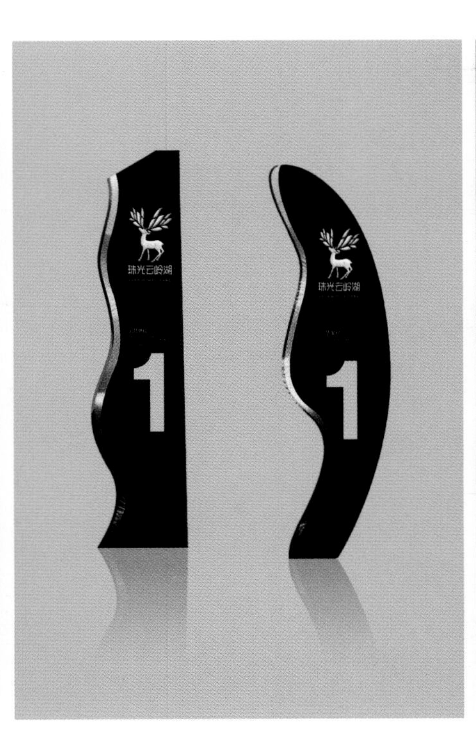

珠光云岭湖指示牌，Janelixb提供

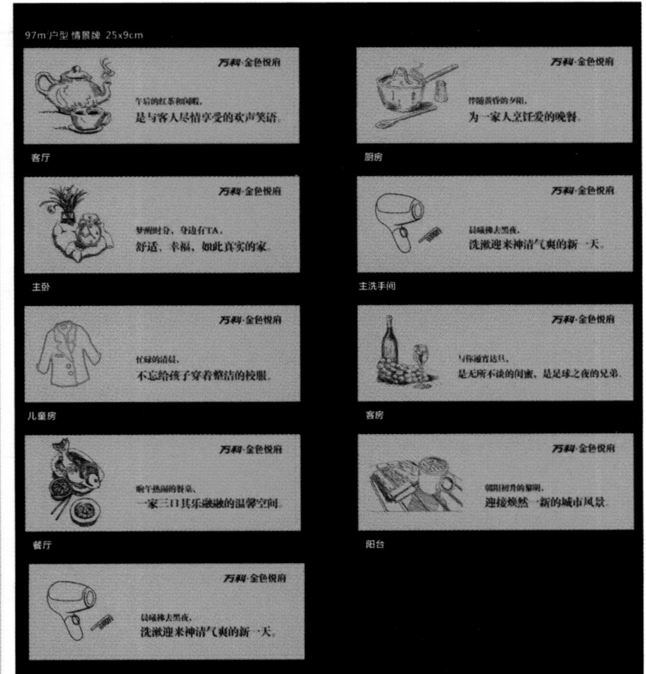

样板房情景牌

用家收藏对全世界的畅想

项目名称：深圳前海时代F户型样板房
设计公司：矩阵纵横
主创设计：于鹏杰、王冠、刘建辉
项目面积：178平方米
主要材料：黑金花大理石、拿铁棕大理石、铜板、玛瑙石、黑檀烤漆木饰面、铜色屏风、地毯、银箔

家是心灵的港湾，当疲惫的身心对家的依恋越发强烈，人们越想要的是轻松、自由的环境。为了营造舒适的居住氛围，设计十分注重大小色块的组合，并将地域性的配饰融入设计风格之中。设计大量使用了各类饱和度极高的颜色和深色，黑金花、拿铁棕、玛瑙、黑檀、古铜这些浓重的色彩混合在同一个空间却全然没有暗淡与压抑，反而迸发出一种独特的空间气质。艺术地毯、皮毛床上用品、动物花纹、独特的地面艺术拼花都使空间极其丰富。在一些细节的处理上也巧妙地运用了中国古典元素，让空间文化底蕴十足。

第四章 情景样板房的设计

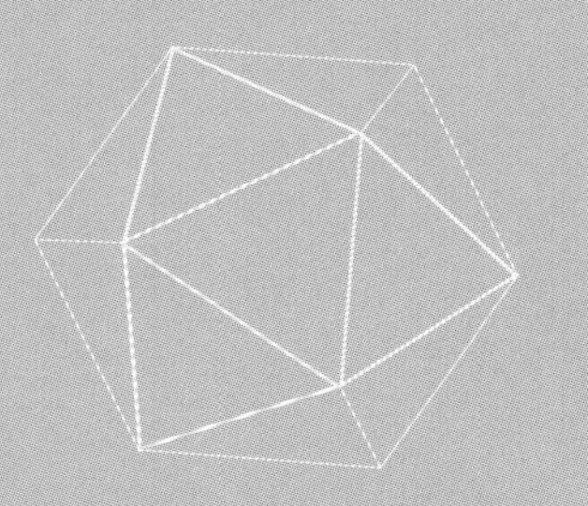

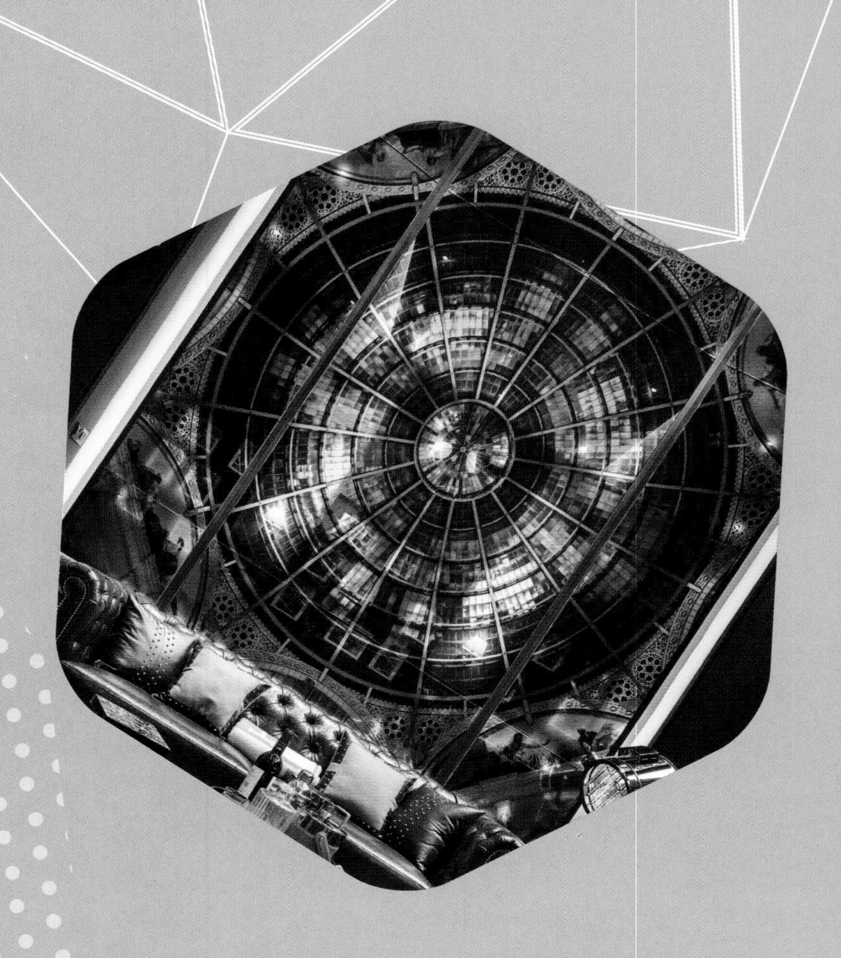

情景样板房是为销售服务的，一方面要吸引购房者的目光，从品位、风格取向、质量体系、潮流触觉、市场把握等方面引发购房者对未来美好生活的向往。另一方面要传递开发商想要传播的信息，比如市场引领力量、开发商品位、工程质量、设计能力等。所以样板房的设计不仅仅是好看就足够了，它更是一个微营销系统的集合。

样板房设计的原则

样板房设计的基础是户型结构的美化和再创造，强化优点，掩盖缺点，以完美的姿态展现在客户面前。简之言之就是扬长避短。

扬长：样板房要充分展示整个楼盘的优点。比如灵活的房间结构、完美的布局、大面宽、好采光、较好的层高、良好的视野等都可以引导强化。比如有些房子无梁无柱，就可以在自由组合上下工夫，展示房间间隔灵活的一面；如果层高达到一定高度，可以引导客户设计夹层，使客户觉得房子具有灵活性，出现"使用面积大于建筑面积"的附加值效应，让购房者觉得物超所值。

避短：通过样板房的设计手法来弥补户型的缺陷。完美的户型是极少的，一般的房子或多或少都存在某些缺陷，所以需要通过设计弥补、掩饰，甚至转化成特色。

台州黄岩绿城宁江明月

设计公司：浙江绿城家居发展有限公司
设 计 师：严晨、许嘉丹
摄　　影：三像摄/张静
撰　　文：许嘉丹
项目面积：1000平方米
主要材料：古典米黄石材（公共空间墙面）；高迪啡石、月亮玉石、杰力哑金、米黄玉石、幻彩玉石、钻石蓝石（地面）；壁纸、软包（房间墙面）

台州黄岩区绿城宁江明月186万平方米品质标杆大盘，绿城新一代高层公寓经典作品。规划有高层景观公寓、法式合院、五星级酒店、大型商业、36班幼儿园等，全方位导入绿城园区生活服务体系，营造精细、安定、恒久的生活环境。

此案在软装未介入时已经卖给业主，所以在设计之初和业主进行了沟通，结合了业主的喜好及其家庭人员构成等，在后期陈设设计中加入了业主的一些需求。业主经商，除了妻子、父母外，还有两个儿子，年龄一大一小，所以后期陈设便设计了两个男孩房，通过不同色调以及不同主题将两个年龄迥异且风格相同的男孩房呈现出来。业主喜欢中式文化，地下一层、地下二层为业主与客人活动较多的区域，所以在原本意式的风格之上加入了很多的中国元素，色彩延续较为浓烈的红绿对撞，同时又在饰品及装饰画的选择上延续中式主题，禅意且吸引眼球。除了软硬装结合较好、颜色运用大胆，在传统的新古典风格之上做了很大的突破之外，结合业主本身及业主今后的使用进行设计也是本案的一大亮点。

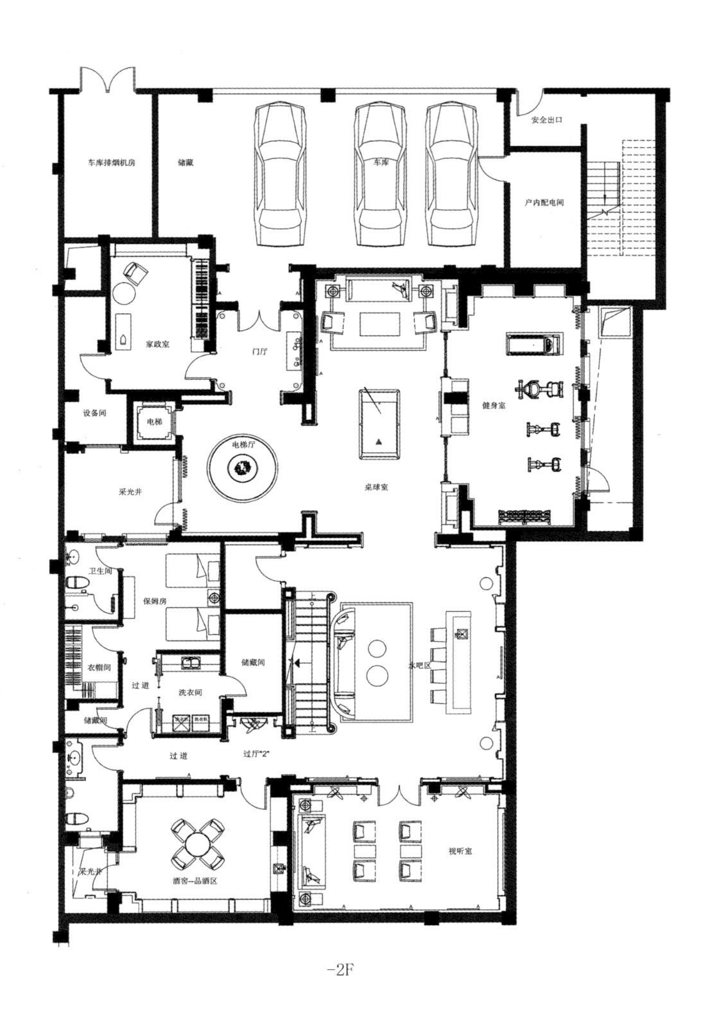
车库排烟机房
储藏
车库
安全出口
户内配电间
家政室
门厅
健身室
设备间
电梯
电梯厅
采光井
桌球室
卫生间
保姆房
衣帽间
储藏间
过道
洗衣间
水吧区
过道
过厅"2"
采光井
酒窖--品酒区
视听室

-2F

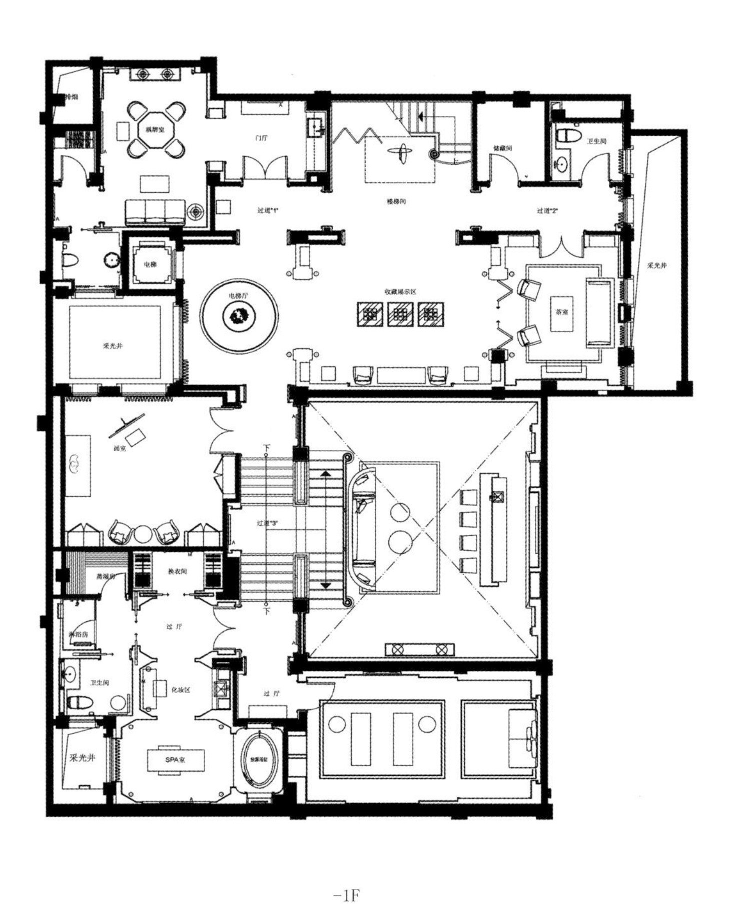
排烟
棋牌室
门厅
楼梯间
储藏间
卫生间
过道"1"
过道"2"
电梯
电梯厅
收藏展示区
茶室
采光井
采光井
画室
下
过道"3"
下
蒸汽房
换衣间
淋浴房
过厅
卫生间
化妆区
过厅
采光井
SPA室

-1F

POKER
LOUNGE
CASINO
LAS VEGAS

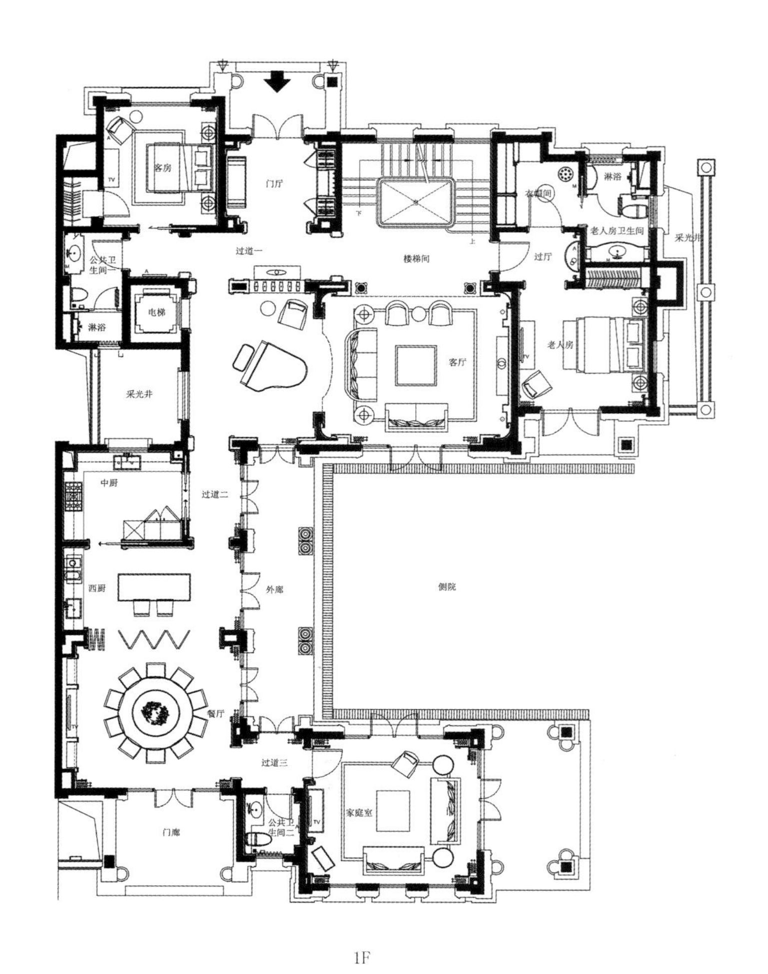
客房
门厅
楼梯间
衣帽间
淋浴
老人房卫生间
过道一
过厅
公共卫生间一
电梯
淋浴
客厅
老人房
采光井
采光井
中厨
过道二
西厨
外廊
侧院
餐厅
过道三
家庭室
公共卫生间二
门廊

1F

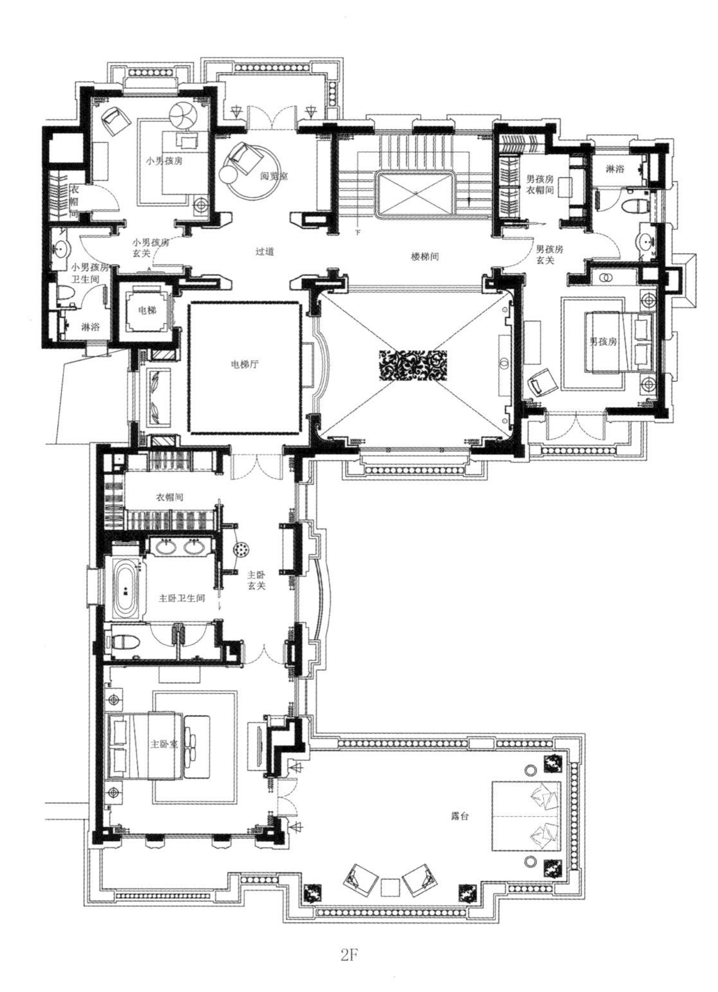
小男孩房
阅览室
衣帽间
男孩房衣帽间
淋浴
小男孩房玄关
过道
楼梯间
男孩房玄关
小男孩房卫生间
电梯
淋浴
电梯厅
男孩房
衣帽间
主卧玄关
主卧卫生间
主卧室
露台

2F

样板房设计的定位

不但项目规划、设计、宣传有定位，样板房的设计也要有明确的定位。这里包括购房者的定位、档次的定位、风格的定位、配套功能的定位等。定位越清晰，设计越不容易跑偏。

关联性：样板房的设计与楼盘的定位（目标客户定位和产品定位）及销售唇齿相依，因此，样板房的设计必须与定位、卖点相关联、相呼应。不能把卖给年轻人的公寓设计得老气横秋，也不能把三代同堂的项目做得太炫酷刺激。如果项目定位是中国风人文大宅，就不适用欧式装饰过于繁复的古典巴洛克或洛可可风格。上什么山唱什么歌，面对什么样的购房者造什么样的梦，接受者才有共鸣。

针对性：普通的住宅装饰设计，一般只为某一个体服务，满足个体家庭的居住需求就可以了，而样板房则针对某一特定的目标客户群体。因此，样板房的设计必须分析这一群体共同的生活方式、心理需求和行为特征，并通过设计语言表达出来。分析目标群体时，要从其消费能力、年龄、家庭结构、消费习惯、文化偏好、行为特征、社会地位、行业特征、职业岗位、生活需求等多维角度进行画像，画像越清晰，做出来的样板房越有销售力。

展示性：样板房的展示性强于实用性。样板房的首要功能是强调感官效果，配合销售，户型的特色要彰显出来，美观是非常重要的指标，可以点缀少量华而不实的装饰。而普通住宅装修主要用于居住，实际使用功能是第一位的，格局可以为其更改，美观可以为其让步。

煽动性：为了推动销售，样板房一般做得夸张一些，甚至达到一种舞台布景效果，极具煽动性。样板房通过光、形、色、摆设创造某种非常吸引人的氛围，去俘房客户的心，激起客户的购买欲望。而且这种煽动性不是集中在某一点，而是在整个参观动线上，分布安排各种刺激其想象和欲望的点，让客户在参观过程中，好感度不断叠加，为最后成交积蓄正能量。而且在设计和软装布置时，还应注重居家细节，模拟实际生活应用场景与享受画面，在最大程度上调动客户的购买欲。

特色性：每个样板房设计必须有自身特色，让人容易记忆，不能所有样板房千篇一律。如果样板房设计过于雷同，则购房者无感，反而会质疑开发商的品位和设计实力，永远不要低估购房者对市场信息的接受度。样板房的设计要与众不同，让人耳目一新，甚至引起轰动效应。好的样板房会形成口碑，甚至是新闻，从而被广泛报道，吸引更多购房者的关注。所以如果开发商花大价钱请来国际知名度高的设计师做设计，一定会大肆宣传。比如深圳湾一号请来梁志天和凯莉·赫本做样板房设计，不仅在室内设计圈传播得沸沸扬扬，高端客户对该项目也极为认可，这就是专业圈向外溢出的效应。

穿透岁月的华丽

项目名称：重庆远洋高尔夫
设计公司：天坊室内计划
设 计 师：张清平
项目面积：830平方米

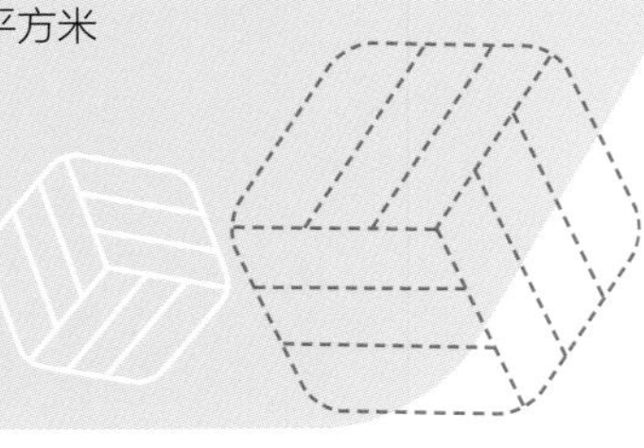

远洋高尔夫国际社区，坐落城市内环之内、重庆三大资源板块之一的南山资源带上，整合南山、温泉、高尔夫三大稀缺优势资源，为社区带来全球领先的规划模式和居住体验。项目占地1 800亩，总建筑面积53万平方米，环绕18洞72杆国际标准高尔夫球场而建，集独栋别墅、联排别墅、平墅、高层豪宅、小高层住宅、公寓、温泉高尔夫会所、养生温泉SPA、30 000平方米风情商业小镇等综合配套于一体。为不负本项目的先天优势，远洋提出“SINO别墅区”理念，提供四大价值体系——Superior（占据城市未来的卓越远见）、International（国际化的全系列创新产品）、Natural（上风上水的南山生态资源）、Oxygenated（高尔夫有氧生活高贵典范），为重庆创造世界化的实力生活。

本案地面三层，地下二层。对于这个面积足够大，定位国际化的项目，如何打造成高端人士的品位标杆，营造令人向往的生活典范，满载开发商的期待。本案特邀高端地产设计专家，屡获国际设计大奖的张清平进行室内设计。

设计师从欧洲19世纪的宫廷贵族生活中撷取创意灵感，精雕细刻的装饰壁板、造型华丽的大镜框、唯美的大理石地面拼花、藏着金丝银线光泽的布艺沙发、琳琅满目的艺术收藏、带着华丽帷幔的卧床、衣香鬓影的交际圈、丰富多彩的艺术品鉴活动、高朋满座的娱乐休闲，别墅不仅仅是生活的场所，还是交际与休闲的舞

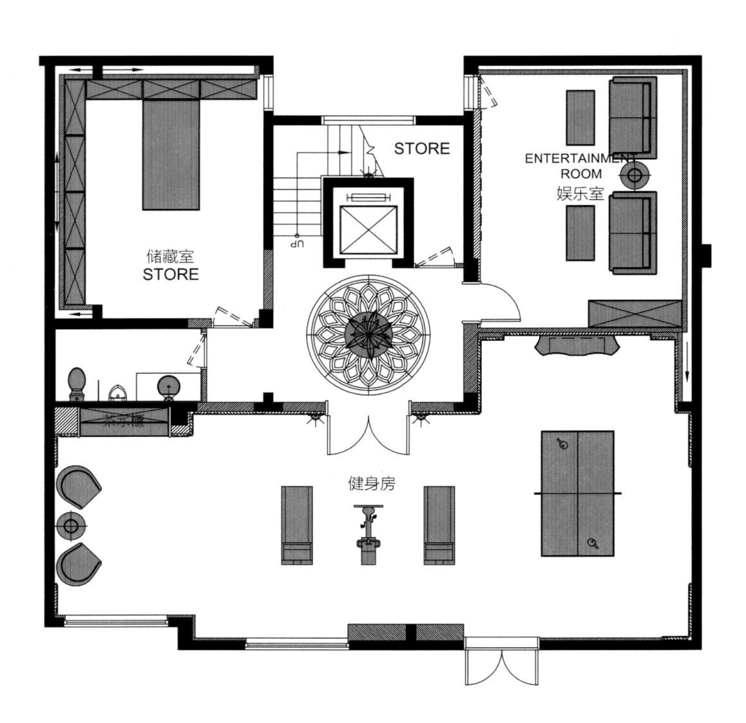

台。设计师要重现宫廷生活中这份令人赞叹的奢华和高贵，让国际化品质生活的画卷真实呈现，触手可及。

经过对精英生活方式的深度研究及空间功能的重新梳理，五层空间从下到上功能依次定位为健身娱乐区、餐饮休闲区、接待区、家人休息区、主人休息区。

接待区是别墅主要的公共活动空间，也是对外交际的重要窗口。本案按接待的礼仪安排空间的划分。进入玄关，地面华美的大理石拼花与墙身光华璀璨的装饰镜相映成辉，显露主人的尊贵品位。玄关的北面是小会客室，陌生的客人会引导到这里进行沟通或等待，而重要或熟悉的客人会直接迎进南面的客厅。方正的客厅

布局，双层挑高的开阔空间，尽展空间的恢宏大气。客厅西面中心区摆放着一架古董级的三角钢琴，无论是开派对或是私人音乐演奏，这里都是一个聚焦的中心区。钢琴的西面设简易厨房，可作为吧台，也可以备简餐或点心，招呼三五知己共享下午茶的休闲时光。

无论中西方，餐桌都是很好的交际舞台。本案拿出负一层的整层，用于餐饮相关的配置，有八人台的餐饮长桌及带岛台的开放式厨房。东面是品酒区，设小围桌和吧台，有专门的酒窖收纳名贵好酒。整个负一层空间开阔，可容纳二三十位客人在这里进行小型的聚会，无论是大餐桌团聚，还是小组交流，都能各得其所。

好玩爱动的客人还可以与主人一起到负二层娱乐健身，这里不仅有健身器材，也有斯诺克球台，更备有娱乐室，轻松比赛几局或一起高歌一曲，都是拉近关系的良好手段。

二层为家人休息区，三个大套间是为父母、女孩、男孩所准备。楼梯厅以松鹤图为装饰，祝福父母健康长寿。父母房端庄稳重，以哑金色调为主，显得沉稳华贵。女孩房粉嫩可爱，男孩房清爽怡人，让每个人都得到周到的照顾。

主人房占据整个三楼，是尊贵典雅的私享领地，楼梯厅正对起居室大门，门前两尊大女神像如同在守护着人间伊甸园。起居室布置温馨舒适，艺术品依序陈列，彰显主人非凡品位。侧门推开可至露台花园，尽享大自然清风明月。主卧房如同宫殿中的寝宫，沿着墙身精致雕花壁板环绕，围合出一方纯净的清雅之地。床头墙身两边门扇推开，可达步入式衣帽间、梳妆室与卫生间，私密空间直线贯通，生活所需便捷可达。卫生间空间开阔，洗手台盆分列两边，中间区域摆放浴缸，沐浴风光无限，尊贵堪比王侯。

设计师非常注重整体风格统一下的精妙变化。比如每一层楼梯厅都有一个大理石拼花图形，地下一层和地下二层是一个图形，地上二层是一个图形，地上三层又是一个图形，保持了空间的一致性，但又有所区别，让人在空间中保持熟悉感但又能快速定位自己所在的区域。设计不仅解决功能的需求，视觉的悦目、心理的微妙变化同样得到了引导和呵护。

情景样板房设计的趋势

以往的样板房除了视觉效果震撼外，高端的项目会在样板房里摆放一些国际名牌的家具，或者奢侈品的包包、洋装、装饰品等，以品牌衬托自己的档次。相信很多人在样板房里已经见识过了爱马仕的丝巾、LV的包包、香奈尔的香水、普拉达的洋装、施华洛世奇的水晶。当项目档次再升级，大众化的奢侈品已经不能对顶尖目标客户群产生吸引力，样板房的设计配套也随之升级，车库摆上劳斯莱斯；室内泳池要带恒温效果；中庭花园做成真正的枯山水；专门的钢琴室，摆的是施坦威的顶级钢琴；设专门的茶室，放的全套茶具是收藏级的；还有在主人衣帽间放百达翡丽的手表；在女儿房摆Enchanted Doll娃娃等。当然这些炫富的方式看看就好，对于更多的购房者和开发商来说并不切实际，适度的高端品牌和大众努力能够得上的装饰更得他们欢心。

有的样板房以哈雷机车做设计概念，不但侧厅摆放一台真正的哈雷，而且在背景墙上用的是机械零件图做装饰，房内还有专门的收藏柜，摆放着各款哈雷模型，此外还有哈雷骑士装。空间将概念贯彻到底，充满男子汉的硬朗激情，给人留下鲜明印象。

上海上坤樾山

项目名称：上坤置业松江佘山洞泾项目联排户型

设计公司：上海董世建筑设计咨询有限公司

设 计 师：董文峰、张丽、胡慧静

项目面积：310平方米

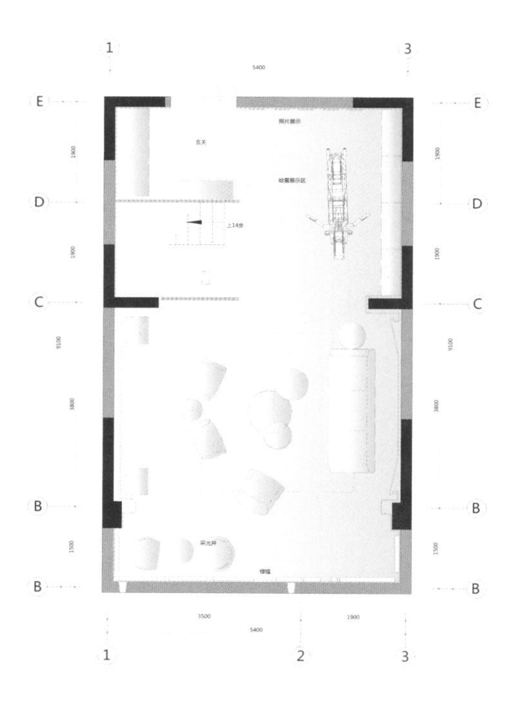

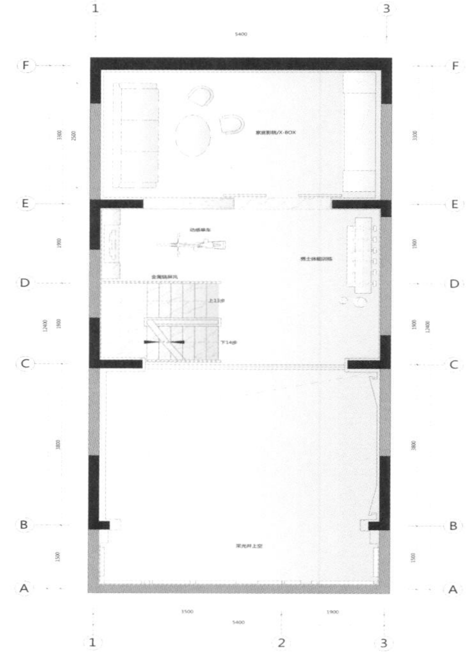

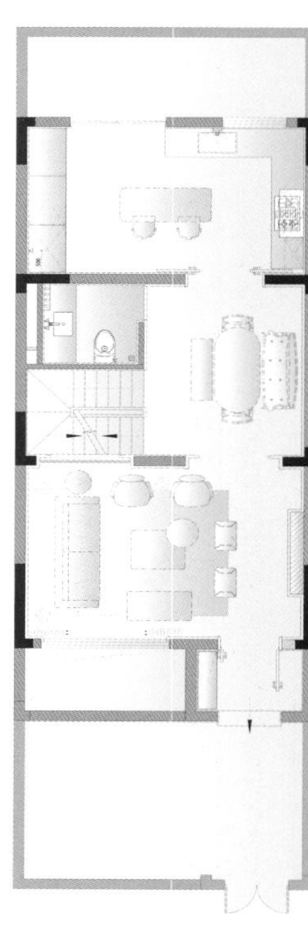

设计的使命，就是解决问题、发现需求，并且给予消费者美的体验。有些设计会提供一些新材料、新能源、新工艺，有些设计则改善了空间效果，有的合理高效地管控了成本，有的提升了对文化审美的认知。

而改变使用者的生活行为，倡导优雅富有格调的生活，是设计师在本案体现奢华设计的内在灵魂。

女主人的艺术品展示与陈列，以及收纳女主人衣物的阁楼更衣间，诠释了精致生活美学。

开放式的大尺度厨房空间，使得视线通透，且将庭院的景观引入室内，空间交互，相得益彰。

地下层的哈雷世界则属于男主人的陆地飞行团，无数老男孩的重机怀旧情结被打开，个性中的狂野得到释放和彰显。

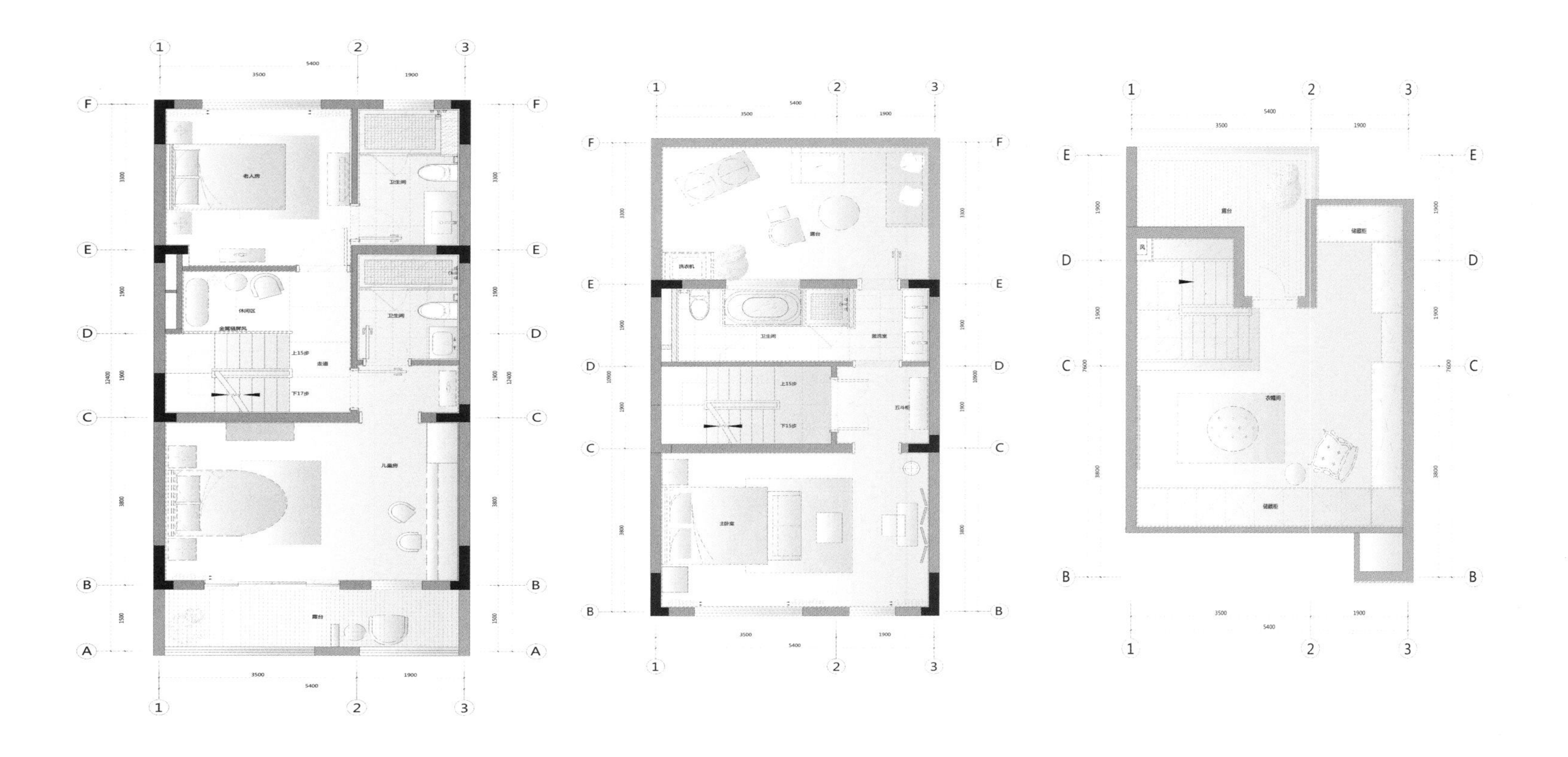

ONE PIECE
COAST
GUARD

样板房设计流行趋势

样板房装修既是客户消费喜好的一种体现，也是开发商对消费潮流的一种引导。在客户与开发商的相互作用过程中，文化、自然、艺术、智能、环保节能、健康、安全正成为当今的流行趋势，为设计加分。

文化：不但指对外国或远方文化的向往，也包括对本国本地区文化的认同和共鸣，所以有文化内涵的空间是具有生命力和传播力的。还有一些文化类型也是很具有吸引力的，可以作为设计的概念，如茶文化、酒文化、玉文化、织锦文化等。

自然：不但指空间与周边环境的互动，也指在室内造景、绿化盆栽插花等，以及天然材质在空间中的使用，如木材、棉、石、麻、竹、藤、水等。越自然的空间越让人放松，也越会提升客户对空间的好感度。

艺术：是提升空间格调的最好媒介。哪怕是在家具装饰低调的极简空间中，只要艺术品能镇住场面，一样能点亮空间格调，让人眼前一亮。

智能：科技日新月异，生活也要与时俱进，样板房增加新智能装置，能带给客户先进前卫的良好印象，同时也能成为项目有力的卖点。

环保节能：现代人的社会意识、环境意识越来越强烈，环保节能的设计能给客户心理和经济的双重价值，自然受欢迎。

健康：生活越来越好，客户对健康的重视程度也在增强，一个环保健康的项目能让客户好感倍增，为成交助力。

安全：现代房价这么高，能买得起房的都是具有一定经济实力的，他们对自身安全保障的要求也越来越高。安全保障不仅靠社区安保，完善的报警与防护系统，都能赢得高端客户的高度认可。

沈阳华润二十四城之浪漫大都会

设计公司：李益中空间设计
硬装设计：李益中、范宜华、董振华
陈设设计：熊灿、欧雪婷
施工图设计：叶增辉、袁晖
项目面积：309平方米
主要材料：银白龙大理石、水纹银大理石、欧亚木纹大理石、黑色橡木木饰面、深色木地板、古铜钢、灰色绒皮、浅灰色布艺硬包

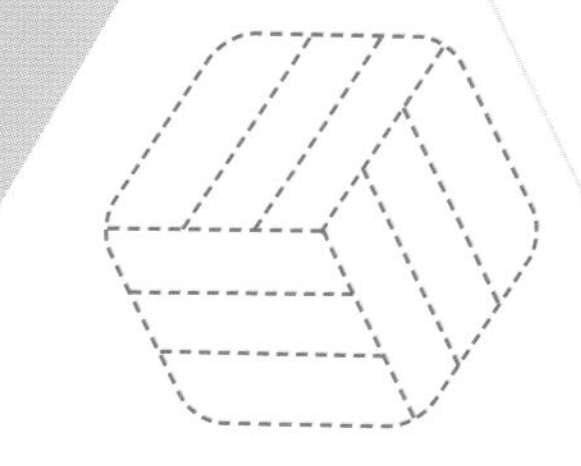

“幻想今生只做你的骑士，
策马疾驰时间的始末，永不停息。
还在古堡幽城中静静的弥望，
残云嘲笑着没有尽头的目光，伸向远方。
只怕你真的不知道，
即使是你的骑士，也会有落泪喘叹的窒息迷茫。”

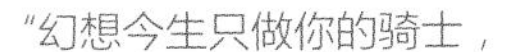

西方中世纪有关于骑士的传说，使得人们充满了浪漫的遐想。现实似乎乏味、单调，总是希望手持长剑，驾于马背，终生为正义而战，胜利归来能陪着美丽的公主居住在古色古香的城堡中，过着贵族般富足的生活。

于是，我们的故事开始了。在现代都市中营造这样的氛围，将对浪漫的向往写于当下，碰撞出交响的乐章。

沈阳华润二十四城之浪漫大都会被定位为“古典与现代的交融，古堡与都市的交汇”，空间散漫，充满艺术情调，是绘画与摄影、音乐与戏剧、红酒与雪茄的交响。

空间功能布置上，我们在满足基本功能需求的同时，特别增设了户外观景庭院以及室内的水吧娱乐区、酒窖、雪茄房和影音室，突显了主人的身份和品位。

空间中运用了大量的哑光黑色木饰面、独特质感的硬包，设计局部利用皮革进行衬托，体现出主人及空间的高雅内涵，但毫不张扬。而空间中点缀的金色亮光金属，亦是一种时尚大都会的体现。古典线条的运用，与其他现代设计手法的交织和亮面的点缀，使整体空间呈现出一种古典与现代交融的都会气质。

项目的整体色调则采用红色、黑色、灰色及钴蓝色调来丰富空间的品位，再搭配多元素的文化特质。

多元化的思考，将怀旧的浪漫情怀与现代生活相互交融，既华贵典雅又具有现代时尚之感。

ROCKY

ROCKY
CENTURY
ROCKY
ROCKY

ROCK

样板房应注意的几个问题

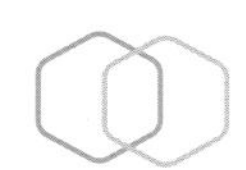

尊重事实，不能只展示不实用

无论是开发商还是设计师都应该保持这个认知：样板房虽然可以用特殊处理来矫正房型的缺陷，但这种矫正应基于真实数据与实际环境的基础上，毕竟购房是大事，没有哪个消费者愿意在被欺瞒的情况下购房。一旦被人发现，就会被告发，而且现代网络传播这么发达，一定会被传播开，进而传坏项目的口碑。
在售楼处临时搭建的样板间可能会有这种"差异"，在北方，有些样板房为了保持整洁，并想扩大空间感，本来应该是上下水、煤气管线的地方都没有做，屋内没有暖气。有的样板房为了突出展示效果，弥补空间的不足，就将正面墙壁拆除，用薄而通透的玻璃幕墙代替，忽视了房间的私密性；仅一张沙发，在墙面做个简易书架，地上在散落几本杂志，即象征性的作为"书房"之用；卧室没有衣柜的位置，房间内也没有存放过季衣物或杂物的空间，这样的样板房只能做展示。

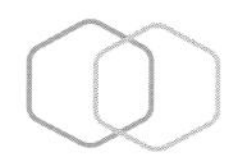

表现、景观与朝向按实际房屋朝向设计

即使在同一座楼里，由于楼层、朝向不同，也没有完全相同的两套房屋。样板间的问题更明显，很可能在样板间里看到的窗外美景，但在其他相同户型的现房中却变成了邻家的厨房。同时，许多样板间并未按实际房屋的朝向设计，房间采光与日照仍得仔细考量。

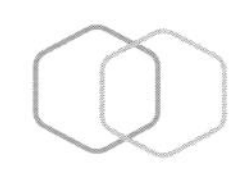

装修要有可信度

买楼看样板房，在通常的情况下这似乎是例行程序，对于一些楼盘在一片空地上建造的样板房，不少买家都存戒心——样板房的尺寸与交楼标准是否有差异？是否有夸大的成分？
在现楼上建样板间，买家在看罢自己要买的套间后，再看看样板房，多少会给日后入住的装修提供一些参考，但实际买楼时，常常遇到好的楼盘已只剩下货尾了，好的单位早已被人挑走，较次的楼盘，到现楼虽然还剩余大量单位，但看起楼来心里总不踏实。

南京紫金观邸

项目名称：南京紫金观邸样板房
设 计 师：段文娟、郑福明
项目面积：110平方米
主要材料：天然石材、镜面、木材

随着现代人对于住宅空间的需求的更新和发展，空间设计在追求个性、舒适的同时，还应体现出符合主人性格特点的小格调、小情绪。本案以白色作为空间主色调，湖蓝色为点缀，选用天然石材、镜面、木材等材质，融入欧洲古典纹样、木雕刻线条等元素，打造法式风格所特有的尊贵浪漫的艺术氛围。

设计师在空间的处理上，突破原有结构的限制，适当压缩厨卫空间，使得公共区域放大，分区更为明朗。音乐钢琴休闲区、主卫透明玻璃隔断等设计，体现出主人浪漫、雅致的生活品位。

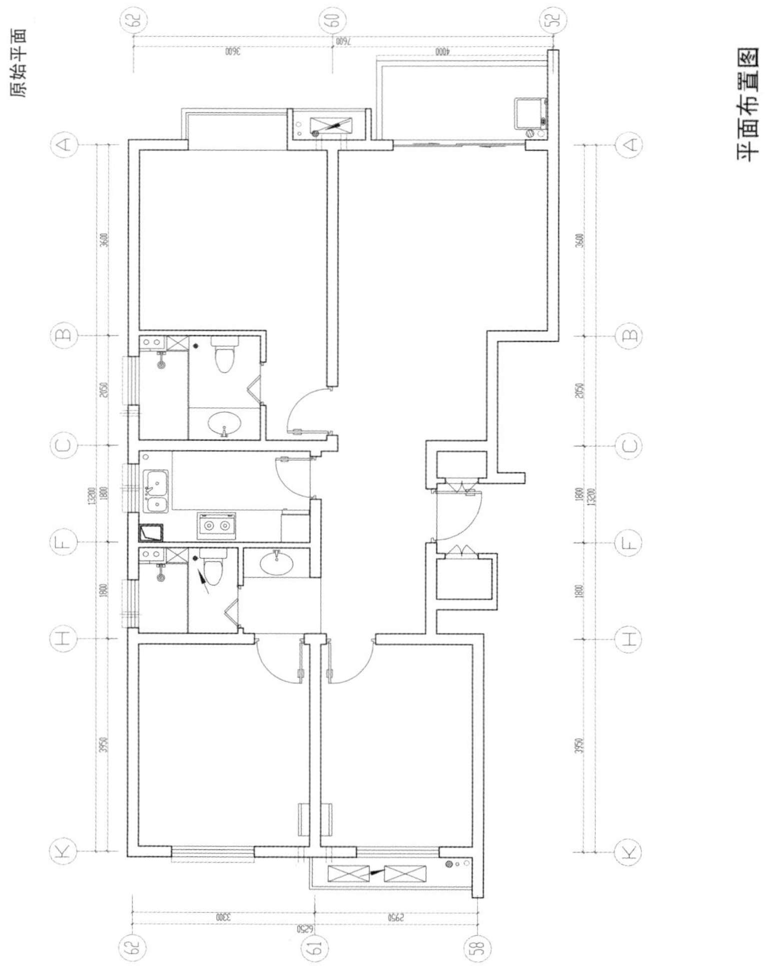

原始平面

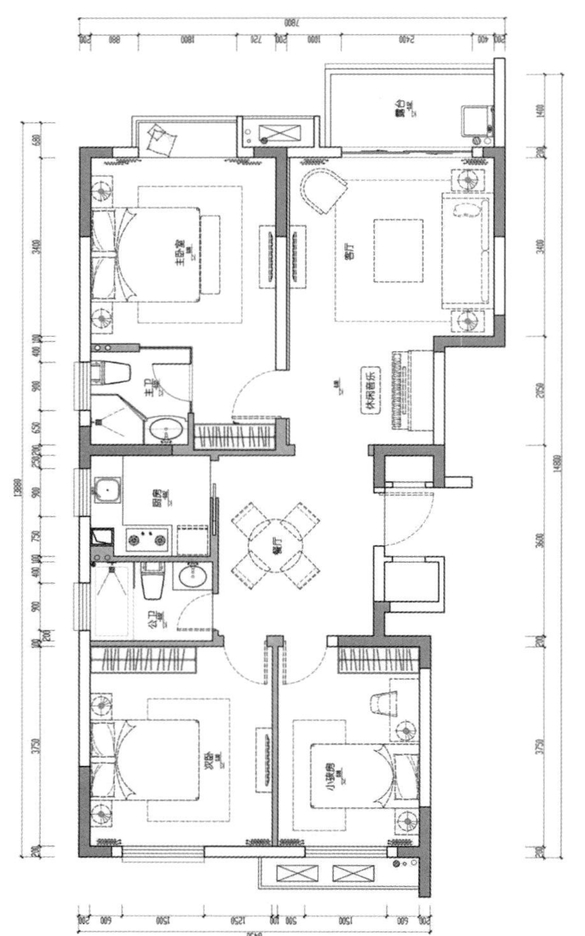

平面布置图

设计风格须与项目的整体属性和形象吻合，如果项目本身是以新古典风格为主打，那么在样板房设计时至少有一套是新古典风格的室内空间；如果是以地中海风格做宣传，样板房里最好有一套地中海特色的空间设计，才会给人统一的印象。

设计风格可以在客户接受范围内进行一定的创新，比如混搭，局部复古，局部前卫，一般针对大众化家庭的单位，不需要过于标新立异；而针对年轻一族，单身小户型则不妨做得更个性炫酷一些。

在设计主题上可利用社会热点新闻或为人熟知的内容，包括备受关注艺术品、票房火爆的电影、广受关注的收藏品或拍卖品、备受欢迎的旅游目的地、高端人群热衷的体育项目等，以提高情景样板房主题概念对客户的吸引力。

杯酒一墅

项目名称：南昌绿地国博欧洲小镇样板间
设计公司：飞视设计
软装公司：成象软装

帕德龙四十周年鱼雷纪念版的雪茄是他的最爱，
配一杯百富单一纯麦苏格兰威士忌。
一个人的时光，需用心款度。
曾坐卧山河，也知人生几何，
登上过巅峰，向往过星辰大海，

谁不曾野心勃勃？谁不曾鲜衣怒马？
而现在的他，
更享受在家的时光，
品尝太太的独家烘焙，
听女儿随手弹出的音符。

简单的生活，更合他现在的心意。

在声色中不动声色，

安心在平凡中柔软。

千帆过尽，自会云淡风轻。

时光之里，笑对百味浮沉，

杯酒人生，问有谁共鸣。

在自由的思想下尽情享受一切美好的事物，自在如风。

空间的雕饰映衬着华丽的光影，是奢华、是情趣。

复古与现代，是主人玩味品位的游戏。

熟能生巧，亦能生情，烹饪与美食也如此。

有焦木气味的强烈，有撕裂喉咙的灼热，最爱威士忌，直白如欧洲人的真性情。

不同的威士忌在不同的时间打开，都有着不同的滋味，这便是每一日的生活。

一个人想事情，需要雪茄的醇香，思绪随烟圈飘逸。

正是对生活细节的热爱，才构成这个色彩斑斓的家中世界。

蓝色的皮质，浪漫之余别具性格，在空间一直延伸。

每一件经过时间打磨的作品，都有属于自己的故事，每一个慢下来倒追时间的人，都有自己的信仰。

非幽人眠云梦月所宜，简简单单，让人心安。

琴键上，有音符深处的梦想。

年轻的性格带着探秘美丽的梦想，它们暖在一起，似乎有了生命。

I WANT YOU
FOR U.S. ARMY

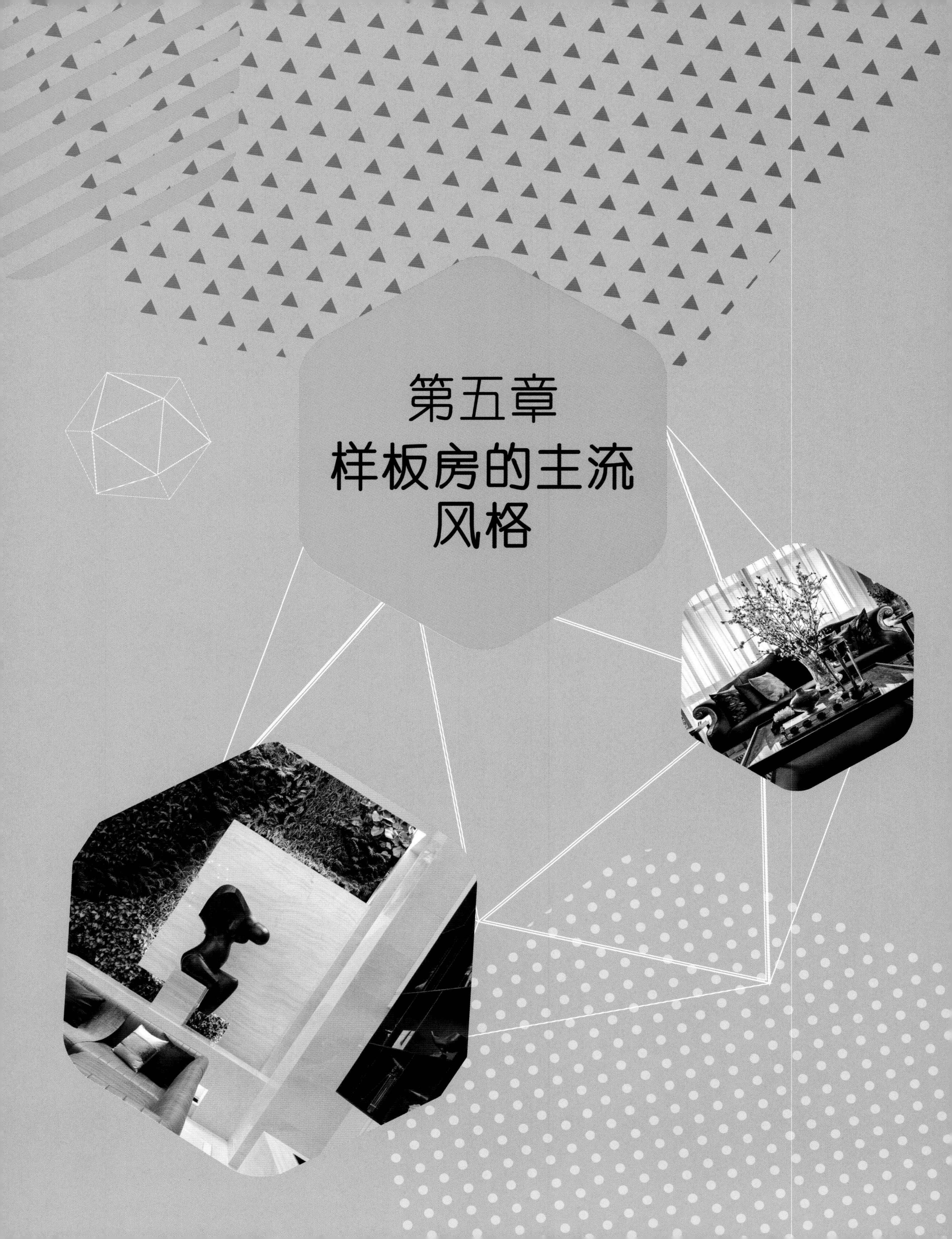

第五章 样板房的主流风格

样板房的主流设计风格一直在顺应市场的需求不断丰富完善和发展。样板房概念刚出时，展示常规居住功能，配置名牌家电家具就能让客户一见倾心。后来慢慢开始导入异域风情，欧式风格渐渐成为高端项目样板房的标配，随着社区各种国外建筑风格轮番上演，细分出法式、英式、美式、德式、地中海式等各种设计风格。当中国人开始走出国门去旅游之后，周边东南亚的风情开始受到国人的欢迎，各种泰式、巴厘岛式度假风情也流行了一段时间。当客户眼界升级，大众式的欧式已经不能显示出项目的高端上档次，欧式风格里又更专业地细分出了巴洛克、洛可可等风格，这时候才真正算得上风格百花齐放，有些社区还推出了小众的风格，如印度式、阿拉伯式等风格。在这个时期，另外两种主流风格开始崛起，就是我们的中式风格和全球通行的现代风格，现已受到更多人的喜欢。

目前样板房市场的设计风格主要流行以下几种风格：现代风格、中式风格、欧式风格、美式风格、东南亚风格、地中海风格等。

现在楼盘交楼标准基本以带装修的为主，装饰设计以简约为主，所以在做样板房时，可装配一套现代风格给客户做装饰参照，开发商也比较容易控制成本和质量。为了体现个性与差异化，还可以选择几种其他风格做搭配，以满足多类型客户的需求。

虽然这里对样板房主流风格做了一个大体的划分，随着全球文化的交融与互相参照，各种风格之间的界限已经没有以前那么鲜明，现代风格的空间也可以有少数民族风情或复古元素；在法式的空间里可以看到中式的家具或日本的茶室；在中式的空间里也会有欧洲的家具和现代的艺术品……当代世界是个地球村，信息大共享、大融合，风格已经没有那样泾渭分明，更独特的主题、更民族的风情、更个性化的设计，将助推样板房脱颖而出。

简约秀逸 诗意空间

项目名称：上海翡翠滨江240样板间
软装陈设：LSDCASA事业一部
项目面积：240平方米

设计作品所承载的是设计师对生活的咏叹，对文化的思考，对物外的精神追求。诉求的不是简单直白的陈述而是诗意空间的表达，对故事不是场景的模仿回放而是意境的再现。

在这座新中式风格的居所中，LSDCASA的设计师们选择回到审美系统和价值观层面去建立联系，打造符合当代美学的空间。化繁为简、吐故纳新是该居所的创作内核。在保留传统中式风格含蓄秀美的设计精髓之外，将中式设计与当下居住理念、新技术新想法糅合，去繁就简，呈现简约秀逸的空间，使环境和心灵都达到灵与静的唯美境界。

300年前中式风格传入欧洲，300年后风格回流，中式的规矩夹杂着西方的热烈，贯穿中国风恒久不变的正统主题"鸟语花香"，满足人们对优雅生活的所有想象。我们在做的是让每一个物件都有自己的独立精神。

同时，设计师将象征中国美好生活的高山流水、梅花、牡丹、凤凰、木棉和玉石等自然风物攫取出来，形成设计素材，辅以各种精致雅趣的物品，日常生活元素皆成为经典的美学意象，托物言志，自然地将中式味道中的力量与意趣呈现，营造了一座现代温和、气质优雅的居所。

客厅延续了此传统围合式的方式进行布局。现代沉稳色调的沙发与贵气逼人的豹纹扶手交椅巧妙并置融合，穿插有力量感的美国进口品牌DENMAN DESIGN纯铜边几、牡丹挂画、火红木棉花和灯具，在比例、情绪和故事间平衡出了无限的舒适，链接起了空间的艺术性，将新中式的秀逸、力量与意趣呈现出来，以更加现代、轻盈的形态出现在世人面前。

餐厅强调用餐的秩序和礼仪，水墨意境的卡其色餐椅与抽象松柏艺术装置结合，呈现艺术与生活的有机融合。

男主卧以静谧的灰色为主色调，再造品牌床榻、床头柜与电视柜，纯铜镶边的水墨屏风巧妙地构建了一个舒适空间。简洁有力的设计语言，将东方的智慧与态度无限放大。

女主卧的设计，用再造品牌的热情朱砂红床榻与极具艺术感的中国风元素屏风介入整体情绪，将舒适功能和艺术品位融于一体。同时将现代元素带入空间，穿插些许中式意象，与空间形成静逸微妙的触感，空间被赋予了变化的层次，细节之美温暖着忙碌的心灵。

现代风格

文化特征

1919年，包豪斯学派成立，现代风格即起源于此。建筑新创造、实用主义、空间组织、强调传统的突破都是该学派的理念，对现代风格有着深刻的影响。所以，现代风格具有造型简洁、无过多装饰，推崇科学合理的构造工艺，重视发挥材料性能的特点。现代主义有一个很著名的理念，即“少即是多”。

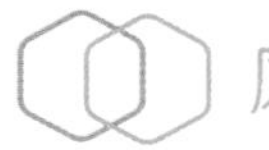

风格特点

现代风格的特点：室内空间开敞、内外通透，在空间平面设计中追求自由，不受约束；墙面、地面、顶棚以及家具等原材料均以简洁的造型、纯洁的质地、精细的工艺为特征；空间内的东西尽量简化，强调形式应更多地服务于功能性；色彩主要以黑、白、灰等简单色调为主，有时也会大胆地运用高纯色彩；室内常选用简洁的工业产品，家具和日用品多采用直线，玻璃金属也较多使用。

现代风格在早期样板房里，作为一种比较简洁、年轻化的风格，主要配置在大众化户型或针对年轻人空间的样板房中，小户型中用得也比较多。其实在国外，豪宅的主流风格反而是现代风格，现代风格简约却不简单，它因为空间开阔疏朗，反而对品质要求更苛刻，施工的每一个细节都要一丝不苟，每一件家具饰品都要求是精品，空间的各元素搭配和谐，需要有很高的品位才能驾驭，而且要有足够的收纳空间，才能令空间看上去空、阔且摆放得开。

好在这十来年，中国人的鉴赏水平和接受度都大大提高，高端豪宅样板房里现代风格的设计也越来越精彩。

装修特色

现代风格简约理性，是经过深思熟虑后创新设计和思路的延展。

现代设计追求的是空间的实用性和灵活性

居室空间是根据相互间的功能关系组合而成的，而且功能空间相互渗透，空间的利用率达到最高。空间组织不再是以房间组合为主，空间的划分也不再局限于硬质墙体，而是更注重会客、餐饮、学习、睡眠等功能空间的逻辑关系。通过家具、吊顶、地面材料、陈列品甚至光线的变化来表达不同功能空间的划分，而且这种划分又随着不同的时间段表现出灵活性、兼容性和流动性，如休憩空间和餐饮空间通过一个钢结构的夹层来分割，阁楼上的垂幔吊顶又限定了床的范围，这是典型的现代空间设计手法。

选材范围更广，注重新技术、新材料的运用

选材上不再局限于石材、木材、面砖等天然材料，而是将选择范围扩大到金属、涂料、玻璃、塑料以及合成材料，并且夸张材料之间的结构关系，甚至将空调管道、结构构件都暴露出来，力求表现出一种完全区别于传统风格的高度技术的室内空间气氛。在材料之间的关系交接上，现代设计需要通过特殊的处理手法以及精细的施工工艺来达到要求。

高纯度色彩的对比协调

现代风格的色彩设计受现代绘画流派思潮影响很大。通过强调原色之间的对比协调来追求一种具有普遍意义的永恒的艺术主题。苹果绿、深蓝、大红、纯黄等高纯度色彩大量运用，大胆而灵活，不仅是对简约风格的遵循，也是个性的展示。装饰画、织物的选择对整体色彩效果也起了极为重要的作用。

家具和灯具以实用和符合人体工程学为基础

现代家具、灯具和陈列品的选型要服从整体空间的设计主题。家具应依据人体一定姿态下的肌肉、骨骼结构来选择、设计，从而降低体力损耗，减少肌肉疲劳。强调功能性设计，线条简约流畅，色彩对比强烈，是现代风格家具的重要特点。

灯光设计的发展主要有两大特点：一是根据功能细分为照明灯光、背景灯光和艺术灯光三类，不同居室灯光效果应为这三种类型的有机组合；二是灯光控制的智能化、模式化，即控制方式由分开的开关发展为集中遥控，通过设定视听、会客、餐饮、学习、睡眠等组合灯光模式来选择最佳效果。在陈列品的设置上，应尽量突出个性和美感。

软装柔化硬装的理性硬朗

由于线条简单、装饰元素少，现代风格家具需要完美的软装配合，才能显示出美感。比如超现实主义的无框画、金属灯罩、个性抱枕以及彩色玻璃杯等元素的运用，能吸引注意力，柔化现代主义风格的理性、冷漠与硬朗。

时尚聚落

设计风格：现代风格
空间格局：玄关、客厅、餐厅、厨房、书房、主卧房、次卧房、卫浴×2
主要材料：金属、铁件、进口砖、石材、界阳&大司定制家具

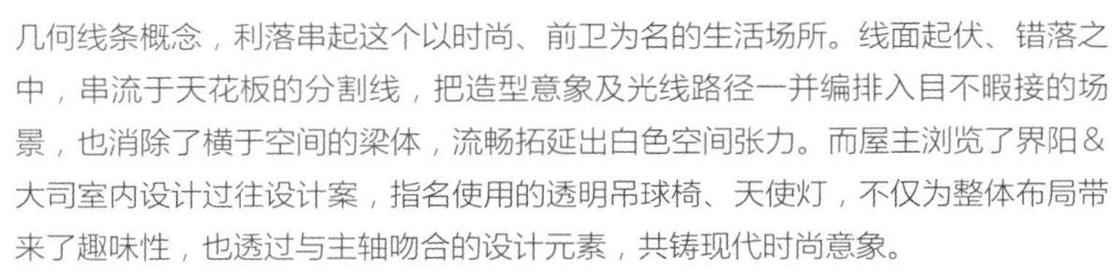

几何线条概念，利落串起这个以时尚、前卫为名的生活场所。线面起伏、错落之中，串流于天花板的分割线，把造型意象及光线路径一并编排入目不暇接的场景，也消除了横于空间的梁体，流畅拓延出白色空间张力。而屋主浏览了界阳&大司室内设计过往设计案，指名使用的透明吊球椅、天使灯，不仅为整体布局带来了趣味性，也透过与主轴吻合的设计元素，共铸现代时尚意象。

软硬件的工艺精神，向来是设计总监马健凯讲究的重点。室内采用定制的餐桌与吧台，其设计构成，就完全突破了既有的家具思维。仅单边支撑的餐桌，以极薄桌板呈现不对称的结构冲突，另一端则嵌入吧台解决了承重压力，同时导引出设计感不相上下的吧台线条。回绕了整整360度却全无接缝的人造石台面及上方融入工业设计思考的高脚杯架，皆辟建出材质、形体和结构美感的新格局，演绎工艺与实用融于一体的创造概念。

公共空间

以线条设计感贯穿空间，曲折的间照路径及利落的黑白对比，营造前卫时尚的空间意象。

玄关

若隐若现的线条造型，呈现高低错落层次，既作为玄关的意象式界定，也达到整体光线、视线流动的要求。

客厅

屋主要求使用透明吊球椅、天使灯，设计总监马健凯考虑体积过大，将其设定在不妨碍动线的落地窗前，也因窗景向外延伸，化去原先可能形成的压迫。

日光流动下，以黑、白为主色调的空间场景，展现出自然、通透的层次。

电视墙

克服运输过程的困难，仅切割成两片大理石做主墙拼接，才能呈现更完整利落的石材质感。

线条设计

整体的线面起伏、错落之中，串联出目不暇接的精彩，亦延展出黑白空间的最大张力。

天花板

天际的起伏与线条延伸中，消除了横于空间的梁体，还原大气通透的空间感。

家具配置

吊球椅、天使灯及亮色餐椅，为整体布局带来了些许趣味，与主轴呼应的设计语汇，也强化了空间的时尚感。

玻璃书房

预先规划好隐藏窗帘的书房，隐私与通透可自由切换。而书桌量体直接与客厅连接的手法，除设计上颇有趣味，玻璃及桌面之间少了缝隙，也更容易清洁。

走廊

金属色结合立体造型的走道端景，实为通往儿童房的入口，以工艺角度操作，兼顾生活机能与设计流畅性。

界阳&大司定制家具

仅单边支撑的餐桌，结构冲突与整座金属造型，呈现出极其抢眼的视觉效果。另外，吧台人造石回绕360度全无接缝的工法，也演绎工艺与实用融于一体的创造概念。

主卧房

不规则的几何概念，进入卧房转为柔软的语汇，透过芥末绿绷皮的线条和皮革床头柜，从细节带出不变的质感品位。

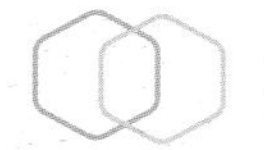

主要流派

现代风格作为通行全球，广泛使用的风格，也形成了众多的流派，这些流派基于建筑风格特色进行划分，其中大部分都对室内设计产生了重要影响。以下介绍几个与室内设计相关的主要流派。

高技派

高技派或称重技派，注重"高度工业技术"的表现，有几个明显的特征：首先是喜欢使用最新的材料，尤其是不锈钢、铝塑板或合金材料，作为室内装饰及家具设计的主要材料，在建筑形体和室内环境设计中加以炫耀，崇尚"机械美"，突出当代工业技术成就；其次是对于结构或机械组织的暴露，如把室内水管、风管暴露在外，或使用透明的、裸露机械零件的家用电器；在功能上强调现代居室的视听功能或自动化设施，家用电器为主要陈设，构件节点精致、细巧，室内艺术品均为抽象艺术风格。高技派典型的实例为法国巴黎蓬皮杜国家艺术与文化中心、香港汇丰银行等。

法国巴黎蓬皮杜国家艺术与文化中心

法国巴黎蓬皮杜国家艺术与文化中心

香港汇丰银行

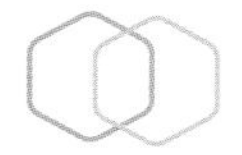

风格派

风格派起源于20世纪20年代的荷兰，以画家彼埃·蒙德里安（Piet Cornelies Mondrian）等为代表。严格说来，它是立体主义画派的一个分支，认为艺术应消除与任何自然物体的联系，只有点、线、面等最小视觉元素和原色是真正具有普遍意义的永恒艺术主题。其室内设计领域的代表人物是木工出身的哥瑞特·维尔德（Gerrit Rietveld），他将风格派的思想充分表达在家具、艺术品陈设等方面，风格派的出现使包豪斯的艺术思潮发生了转折，它所创造的绝对抽象的视觉语言及其代表人物的设计作品对于现代艺术、现代建筑和室内设计产生了极其重要的影响。风格派认为"把生活环境抽象化，这对人们的生活就是一种真实"。

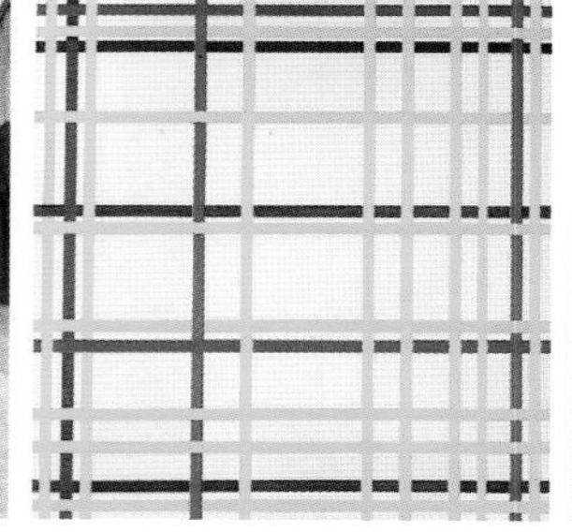

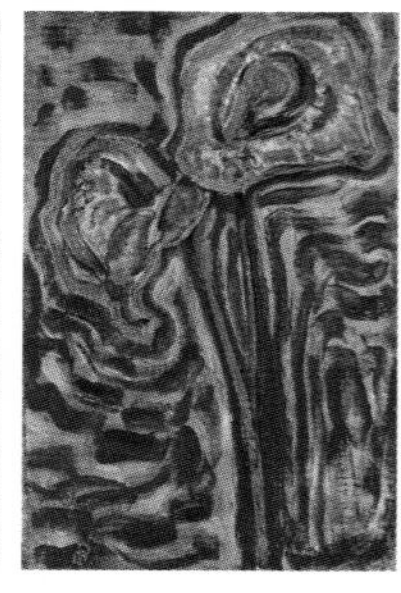

彼埃·蒙德里安（Piet Cornelies Mondrian）作品

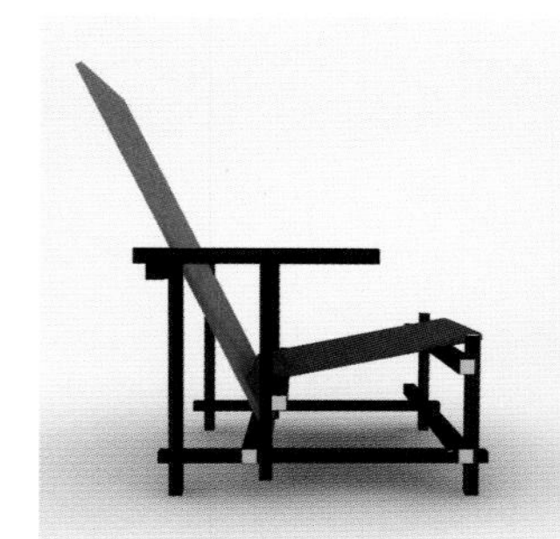

哥瑞特·维尔德（Gerrit Rietveld）作品

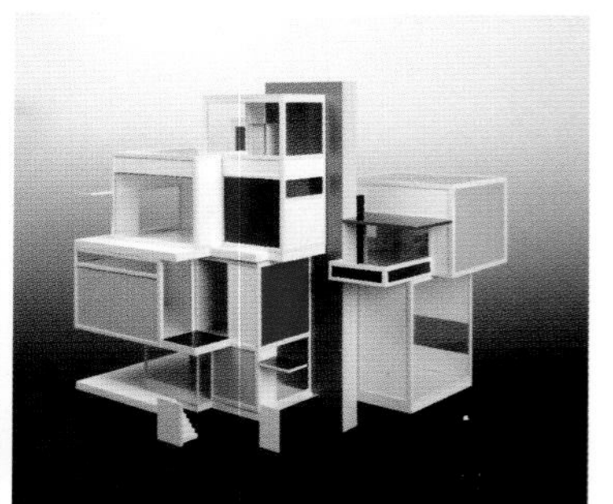

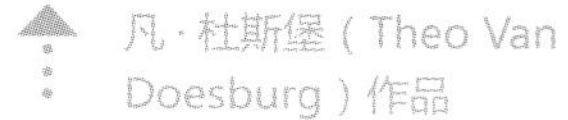

凡·杜斯堡（Theo Van Doesburg）作品

向蒙德里安致敬

项目名称：保利西雅图
设计公司：广州道胜设计

本方案运用"蒙德里安红黄蓝的直线美"为元素，采用大小不等的红、黄、蓝传递出强烈色彩对比中的平衡感。
画面由长短不同的水平线和垂直线分割成大小不一的原色正方形和长方形，并以粗黑的交叉线将它们分开，在正方形周围用各种长方形穿插，原色以及黑、灰、白的对比与排列就像音符旋律中的变化。

家具上运用原木来增加空间的自然与和谐，传达出悠闲自在的生活方式。饰品、挂画、地毯等都细腻地延续着蒙德里安元素，色彩大胆跳跃。在儿童房中，有趣的墙贴和地上的玩具，诠释出儿童开朗活泼的性格。主卧在色彩丰富的墙面和地毯上，用素雅的浅灰色来中和过渡，让丰富的空间同时也能稳重不浮躁。使整个空间和谐而有变化，如同一首音节长短起伏，但却有自己主旋律的歌曲。

理查德·迈耶（Richard Meier）的巴塞罗那现代艺术馆以白色为主，具有一种超凡脱俗的气派和明显的非天然效果，被称为当代建筑中的"阳春白雪"。彼得·埃森曼（Peter Eisenman）、迈克尔·格雷夫斯（Michael Graves）、查尔斯·格瓦斯梅（Charles Graves）、约翰·赫迪尤克（John Hedjuk）和理查德·迈耶纽约五人组为代表。他们的设计思想和理论体系深受风格派和勒·柯布西耶的影响，对纯净的建筑空间、体量和阳光下的立体主义构图、光影变化十分偏爱，故又被称为早期现代主义建筑的复兴主义。

理查德·迈耶作品

理查德·迈耶深圳华侨城会所0-7

会所坐落在华侨城湿地的欢乐海岸海心岛上，周围是大片的水域和葱翠的花园。两个中心体量为客人和会员提供餐饮、健身、娱乐于一体的功能设施，并配备直升机停机坪、观光游艇、海岛网球场、环岛跑道等功能设施。分层递进的空间围绕曲线形外墙辐射展开，能看到连续的水面景色。穿过花园的户外跑道与旁边的体育中心相连，尽管室内功能空间十分巨大，整体建筑依然保持了合适的尺度和平衡的形态。建筑设计在外形与体量上都颇为与众不同，同时还具有一种超越时间的建筑特征。白色金属板以及对自然光线的把握作为事务所的设计原则令整座建筑更加光彩夺目。实体平面与空旷的空间互为支撑，光线从天窗与垂直遮阳帘投射进来，影子打在墙面上，光与影的交错给人们留下了深刻的印象。

后现代风格

对后现代风格每个理论家有自己不同的理解，有些认为仅仅指某种设计风格，有些认为是现代主义之后整个时代的名称。在这个名称的使用上，全世界的建筑理论界都还没有达成统一的标准和认识。笼统的划分，可以说20世纪40年代到60年代是现代主义建筑、国际主义风格垄断的时期，70年代开始是后现代主义时期。60年代末期，经历了30年的国际主义垄断建筑、产品和平面设计的时期，世界建筑日趋相同，地方特色、民族特色逐渐消退，建筑和城市面貌日渐单调，加上勒·柯布西耶的粗野主义，往日具有人情味的建筑形式逐步被非人性化的国际主义建筑取代。建筑界出现了一批青年建筑家试图改变国际主义面貌，引发了建筑界的大革命。美国建筑师斯特恩提出后现代主义建筑有三个特征：采用装饰；具有象征性或隐喻性；与现有环境融合。

后现代主义特别有一种现代主义纯理性的逆反心理，后现代风格强调建筑及室内设计应具有历史的延续性，但又不拘泥于传统的逻辑思维方式，探索创新造型手法，讲究人情味，常在室内设置夸张、变形、柱式和断裂的拱券，或把古典构件的抽象形式以新的手法组合一起，即采用非传统的混合、叠加、错位、裂变等手法和象征、隐喻等手段，以期创造一种融感性与理性、集传统与现代、糅大众和行家于一体的"亦此亦彼"的建筑和室内环境。对后现代风格不能仅仅以所看到的视觉形象来评价，需要我们通过形象从设计思想来分析，后现代风格的代表人物有菲利普·约翰逊、罗伯特·文丘里、迈克尔·格雷夫斯等。

后现代主义风格代表作有澳大利亚悉尼歌剧院、巴黎蓬皮杜艺术与文化中心、摩尔的新奥尔良意大利广场等。

菲利普·约翰逊水晶大教堂

迈克尔·格雷夫斯迪士尼天鹅与海豚度假酒店

解构主义

这是一个从20世纪80年代晚期开始的后现代建筑思潮。就是打破现有的单元化的秩序，这个秩序不仅仅指社会秩序，除了包括既有的社会道德秩序、婚姻秩序、伦理道德规范之外，而且还包括个人意识上的秩序，比如创作习惯、接受习惯、思维习惯和人的内心较抽象的文化底蕴积淀形成的无意识的民族性格，就是打破秩序然后再创造更为合理的秩序。

它的特点是把整体破碎化（解构）。主要想法是在对外观的处理上，通过非线性或非欧几里得几何的设计，来形成建筑元素之间关系的变形与移位，譬如楼层和墙壁或者结构和外廓。大厦完成后的视觉外观产生的各种解构"样式"以刺激性的不可预测性和可控的混乱为特征，这也是后现代主义的表现之一。

解构主义是对现代主义正统原则和标准批判地加以继承，运用现代主义的语汇，却颠倒、重构各种既有语汇之间的关系，从逻辑上否定传统的基本设计原则（美学、力学、功能），由此产生新的意义。用分解的观念，强调打碎、叠加、重组，重视个体和部件本身，反对总体统一而创造出支离破碎和不确定感。

弗兰克·盖瑞设计的毕尔巴鄂古根海姆美术馆

新现代主义

新现代建筑透过新的简约而平民化的设计而对后现代建筑的复杂建筑结构及折衷主义的回应。从美国当代的建筑发展来看，自从文丘里提出向现代主义挑战以来，设计上有两条发展的主要脉络，其中一条是后现代主义的探索，另外一条则是对现代主义的重新研究和发展，它们基本是并行发展的。第二个方式的发展，被称为"新现代主义"或"新现代设计"。虽然有不少设计师在20世纪70年代认为现代主义已经穷途末路了，认为国际主义风格充满了与时代不适应的成分，因此必须利用各种历史的、装饰的风格进行修正，从而引发了后现代主义运动。但是，有一些设计师却依然坚持现代主义的传统，完全依照现代主义的基本语汇进行设计，他们根据新的需要给现代主义加入了新的简单形式的象征意义，从总体来说，他们可以说是现代主义继续发展的后代。这种依然以理性主义、功能主义、减少主义方式进行设计的建筑家，虽然人数不多，但是影响却很大。

新现代主义是在混乱的后现代风格之后的一个回归过程，重新恢复现代主义设计和国际主义设计的一些理性的、次序的、功能性的特征，具有它特有的清新味道。现代主义因为有长达几十年的发展历史，已经非常成熟，因为风格单一和单调被后现代主义否定和修正，然而，它的合理内涵是难以完全否定和推翻的。新现代主义的建筑目前正方兴未艾，并且已经在平面设计上产生了影响，其特点之一就是出现了新包豪斯风格：工整、功能性强，讲究传达功能，冷漠。但是，与包豪斯的强烈社会功能背景不同，新现代主义平面设计风格只是一个风格，而不再具有强烈的社会工程内容。

在20世纪70年代继续从事现代主义设计的设计师以"纽约五人"为中心，另外还有其他几位独立设计师，包括美籍华人建筑师贝聿铭、设计洛杉矶太平洋设计中心建筑的西萨·佩里（Cesar Pelli）、保尔·鲁道夫和爱德华·巴恩斯等。他们的设计已经不是简单的现代主义重复，而是在现代主义基础上的发展。其中，贝聿铭设计的华盛顿的国家艺术博物馆东厅（1968—1978年）、香港的中国银行大楼（1982—1989年）、得克萨斯的达拉斯的莫顿·迈耶逊交响乐中心（1981—1989年）和法国卢浮宫前的水晶金字塔（Le Grand Louvre, Pairs, 1989）都是非常典型的代表作品。这些作品没有繁琐的装饰，在结构和细节上都遵循了现代主义的功能主义、理性主义的基本原则，但是，却赋予它们象征意义。比如水晶金字塔的金字塔结构本身，就不仅仅是功能的需要，而具有历史性的、文明象征性的含义。又如西萨·佩里的洛杉矶太平洋设计中心（1953—1987年），从整体来说，基本是现代主义的玻璃幕墙结构，但是，佩里采用了绿色和蓝色的玻璃，使简单的功能主义建筑具有通过非同一般的特殊色彩而表达出后现代象征的含义。这种探索的方向，被称为"新现代主义"（New-Modernism）。

西萨·佩里设计的双塔大厦

西萨·佩里设计的太平洋设计中心

贝聿铭设计的卢浮宫前的水晶金字塔

装饰艺术

装饰艺术（Art Deco）是一种注重装饰的艺术风格，同时影响了建筑设计的风格，它的名字来源于1925年在巴黎举行的世界博览会及国际装饰艺术及现代工艺博览会（Exposition Internationale des Arts Décoratifs et Industriels Modernes）。当其在1920年初成为欧洲主要的艺术风格时并未在美国流行，直到约1928年才在美国流行。Art Deco这个词虽然在1925年的博览会就有了，但直到20世纪60年代对其再评估时才被广泛使用，其实践者并没有像风格统一的设计群落那样合作。它被认为是折中的，被各式各样的资源而影响，出现了很多不同的名称。Bevis Hillier是第一个在正式出版物上使用"Art Deco"这个词的人。

Art Deco演变自19世纪末的Art Nouveau（新艺术）运动，新艺术运动从1880—1910年，跨越近30年，影响范围涉及整个欧洲和美国。其主旨是"打破传统，以一种新的美学形式革新设计"。新艺术，含有一种世界末日的颓废情调和人工造作美，艺术家在观念上既有倾向于唯美主义的，也有偏向精致典雅的。他们让细枝末节的装饰，不再仅是艺术主题的陪衬，而成为艺术整体的一部分。Art Nouveau是当时的欧美（主要是欧洲）中产阶级追求的一种艺术风格，是幻想美学的极致，它的主要特点是感性的自然界的优美线条，称为有机线条，比如花草、动物的形体，尤其喜欢用藤蔓植物的荆条，以及东方文化图案，如日本浮世绘。

Hector Guimard设计的大门

James McNeil Whistler设计的孔雀室

Otto Wagner设计的卡尔广场轻轨站

威廉·莫里斯、菲利普·韦伯设计的红房子

Walter Crane画的天鹅壁纸

巴黎的楼宇阳台

巴黎拉维罗特楼的门口

布拉格梅兰酒店

威廉·莫里斯印花纺织品设计

维克多·霍塔酒店

Art Deco不排斥机器时代的技术美感，机械式的、几何的、纯粹装饰的线条也被用来表现时代美感，比较典型的装饰图案有扇形辐射状的太阳光、齿轮或流线型线条、对称简洁的几何构图等。色彩运用方面以明亮且对比强烈的颜色来彩绘，具有强烈的装饰意图，例如亮丽的红色、浪漫的粉红色、电器类的蓝色、警报器的黄色、探戈的橘色，以及带有金属味的金色、银白色、古铜色等。后期，随着考古发现，远东、中东、希腊、罗马、埃及与玛雅等古老文化的物品或图腾，也都成了Art Deco装饰的素材来源，如埃及古墓的陪葬品、非洲木雕、希腊建筑的古典柱式等。

虽然是现代装饰艺术上的一种运动，但同时也影响了建筑等许多其他方面。它在20世纪20年代早期，就在欧洲流行过，受到了非洲及埃及、墨西哥印第安人原始艺术影响。维也纳工业组织运动早期作品，里昂·巴克斯特（Leon Bakst）替俄国芭蕾舞团团长狄亚基列夫（Sergei Diaghilev）的芭蕾舞剧所做的舞台背景与服装设计，受到了立体派（Cubism）、未来派（Futurism）、新古典主义（Neoclassicism）、爵士风格艺术等许多艺术风格的影响。

Winold Reiss画的哈莱姆爵士乐插画

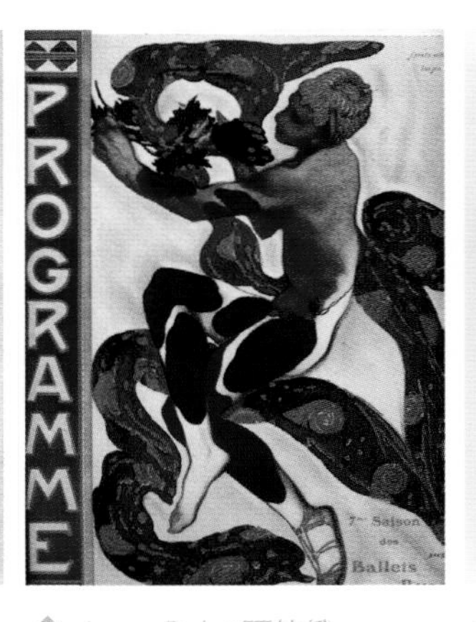

Leon Bakst画的俄罗斯芭蕾舞团海报

Charles Gesmar画的红磨坊海报

Georges Lepape画的名利场插画

保罗·雷诺在巴黎的沙龙

Art Deco风格的装饰Vide

Joseph Csaky设计的酒店一角，立体派的几何形式对装饰艺术的重要影响

Art Deco在1928年前后才在英、美风行，到了20世纪60年代又再一次的流行起来。Art Deco也普遍被认为是现代主义（Modernism）早期的一种形式。

Art Deco的装饰有下列几个主要的特征：

1. 放射状的太阳光与喷泉形式：象征了新时代的黎明曙光。
2. 摩天大楼退缩轮廓的线条：二十世纪的象征物。
3. 速度、力量与飞行的象征物：交通运输上的新发展。
4. 几何图形：象征了机械与科技解决了我们的问题。
5. 新女人的形体：透露了女人赢得了社会上的自由权利。
6. 打破常规的形式：取材自爵士、短裙、短发及震撼的舞蹈等。
7. 古老文化的形式：对埃及与中美洲等古老文明的想象。
8. 明亮对比的色彩。

雷金纳德·马什创作工人分拣邮件的壁画，位于美国纽约海关的房子

典型的例子有美国纽约曼哈顿的克莱斯勒大楼（Chrysler Building）与帝国大厦（Empire State Building），其共同的特色是有着丰富的线条装饰与逐层退缩结构的轮廓。自从摩登时代之后，各路名流也有不少成为Art Deco风格的忠实拥护者。其中大名鼎鼎的肯尼迪夫人杰奎琳就是典型代表。一贯钟爱法式风情的杰奎琳不仅在着装和珠宝配饰上极尽Art Deco的优雅摩登风情，就连自己的家居装饰也采用了明显的Art Deco风格。而时装设计师Lanvin就更是Art Deco的痴迷者。

帝国大厦

克莱斯勒大厦，建筑设计：威廉·凡艾伦

Art Deco风格的大门

作为一种艺术风格，Art Deco的影响绝不仅限于建筑设计方面，电影、珠宝、纺织面料、汽车、钟表和服装等各方各面无不从其中汲取灵感。譬如1925年巴黎博览会上展出的Lanvin和Chanel那些简洁而现代的服装设计就是Art Deco风格在时尚界的里程碑。

Art Deco作为一种国际性的潮流，也传到了古老的中国大地上，并且大放异彩，尤其是在中国当时开放和发展程度最高的城市上海。现在上海是世界上现存Art Deco建筑总量全球第二的城市（仅次于纽约），外滩的历史建筑中有超过四分之一都属于Art Deco的风格范畴。就连金茂大厦顶部的锯齿状收缩造型也带有明显的Art Deco特点。而很多上海人家也珍藏着当年那些Art Deco风格的家具，仿佛十里洋场的繁华还浮现在眼前。

Art Deco风格约十年前，在中国的样板房设计中曾经风靡一时，到现在仍有很广泛的影响。新锐的设计师和艺术家在做样板房设计装饰时，又做了许多新的尝试和演绎。从以下几个作品中可以一窥其面貌。

René Lalique设计的维多利亚引擎盖

铁艺壁炉屏风

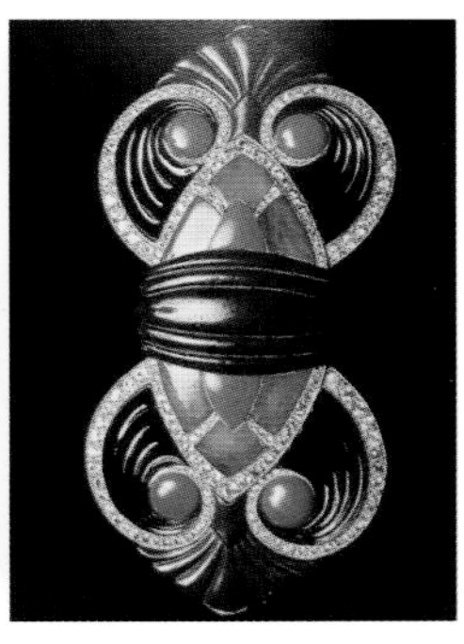

镶嵌了钻石、玛瑙、青金石、玉石、珊瑚等宝石的金扣

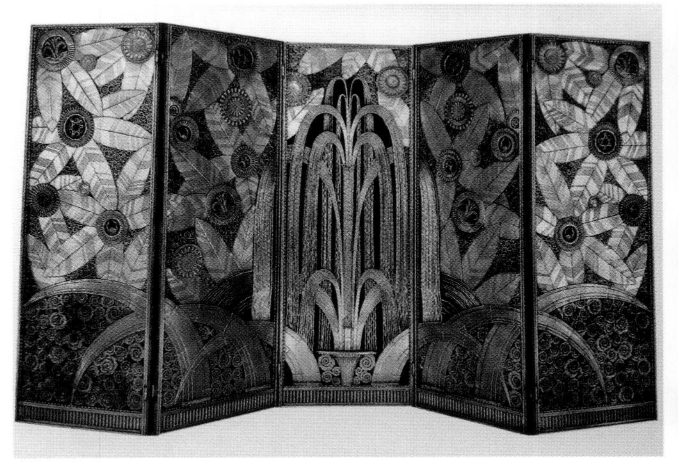

1925巴黎博览会展出的铁和铜制的屏风

Art Deco壁纸

把春天留给自己

项目名称：上海铂悦滨江
设计公司：大观 · 自成国际空间设计
设 计 师：连自成
开 发 商：旭辉集团
项目面积：674平方米
主要材料：烤漆板、胡桃木、拉丝古铜、诺雅、彩云飞、米白洞石、古董镜、Bolon地毯、绿植墙

SHOOT TO WIN
COOK BOOK
BEATRICE IS DEAD
LONE STAR EATS

1925年，巴黎，Art Deco装饰风格诞生。

1935年，上海，汲取西式建筑中Art Deco装饰元素的石库门建筑——李氏民宅建成。历经80年风雨变迁，周边的大片农田被高楼大厦所代替，“魔都”的繁华日新月异。

2015年，毗邻老宅的铂悦滨江，设计师连自成采用摩登前卫的后现代主义风格打造，既是对经典的致敬，更是寻求传承之上的突破与超越，展现了一种穿越时空的艺术力量。

与绿地相连，汲取的是大自然的灵感与能量；与老宅毗邻，感受的是怀旧的诗意与浪漫。设计师将整个别墅看作是一个能量的载体，集天地、时空之精华，包容并蓄，又特立独行。摩登前卫是本案带给观者的最初印象，白色的基调纯净空灵，简洁的线条组合多变。若是给点时间细细体味，看似干净利落的空间，却开始呈现多样的风姿，色彩、线条、图案，文化、历史、风格一一浮现出来。

本案在建筑规划上打破了传统别墅的设计理念，强调超大的空间尺度，这也为室内设计创造了得天独厚的条件。邻近没有高楼，阳光作为大自然的馈赠洒进整个屋子。它是眼中的灿烂、身上的温暖、心底的浪漫，与干净纯粹的白色空间融合得恰到好处。而为数不多的金、黑、蓝、绿、橙，仿佛是画卷上的浓墨重彩，跳跃穿插其中，为空间增添了几分生动和高贵。

当然，色彩的引入也与空间功能有着内在联系。设计师试图将大自然中最具能量的阳光、空气、水、绿树一一搬入室内。所以，地下室的设计也成了整个居所的一大亮点，当您从客厅沿着旋转楼梯徐徐而下，恍然间宛如穿越了时空的隧道，来到另一个奇妙的世界。5.65米大尺度的挑高空间让人豁然开朗，而充满绿色、带有泥土气息的景致，仿佛是宫崎骏笔下的“理想国”，宁静惬意。大面积的绿植墙面创造了静谧的自我空间，阳光从天井洒下，底部还有水池吐纳着清澈的细流，真是别有洞天。所以，冥想、阅读、收藏等私密的个人行为，都被设定在这个特别的空间内，契合了居者的个性。

设计师把本案定义为后现代主义，既是在空间规划上尊重居者本人对自我意识的强烈表达，同时也将个人主义融入了设计风格之中，通过对居者喜欢多元文化的

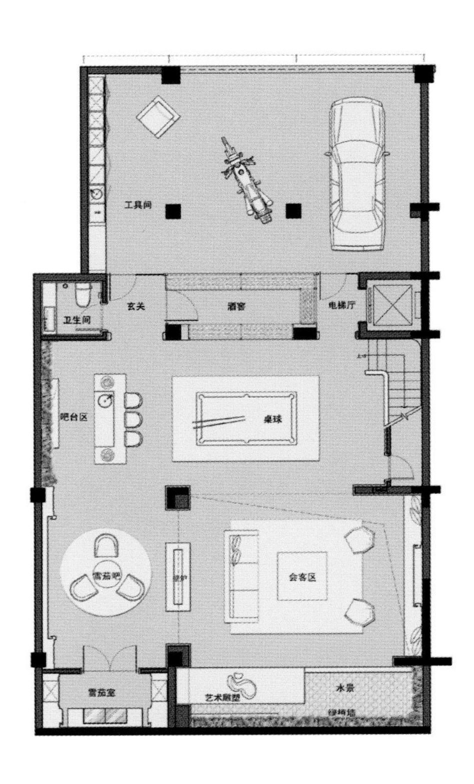

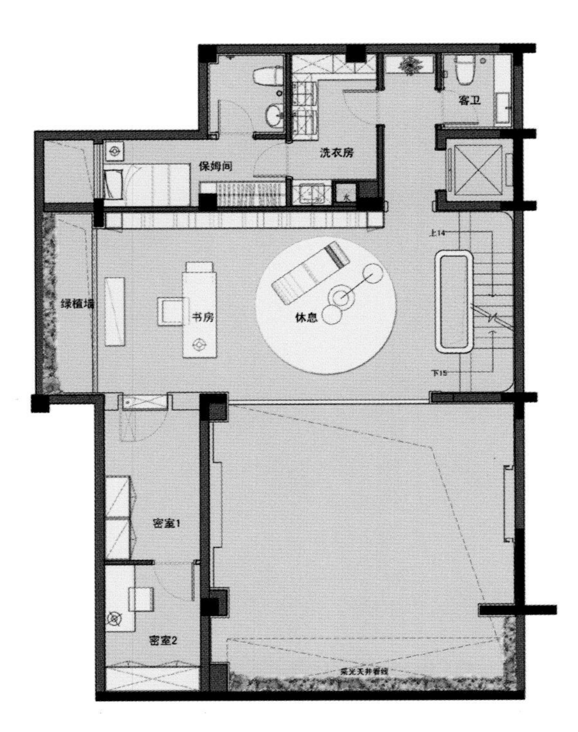

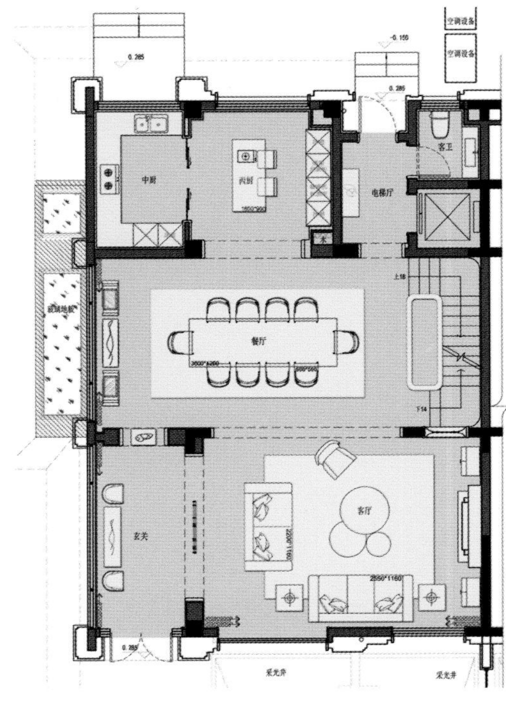

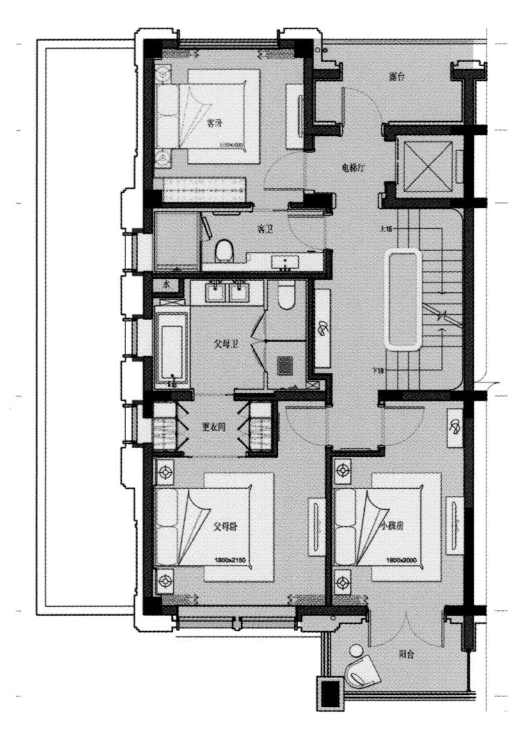

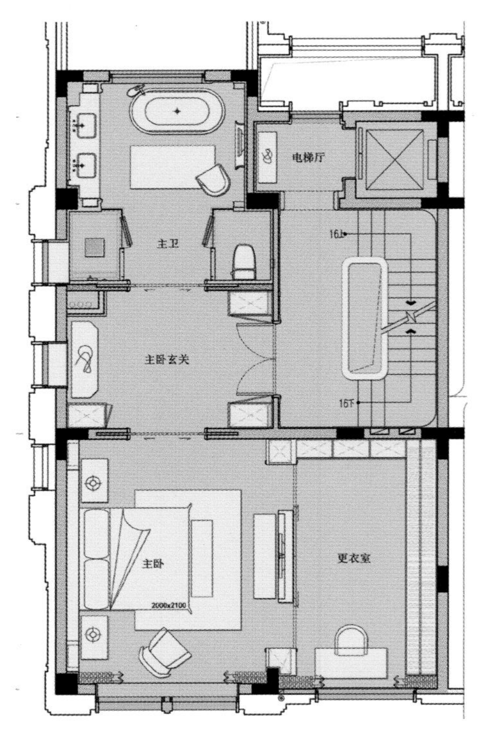

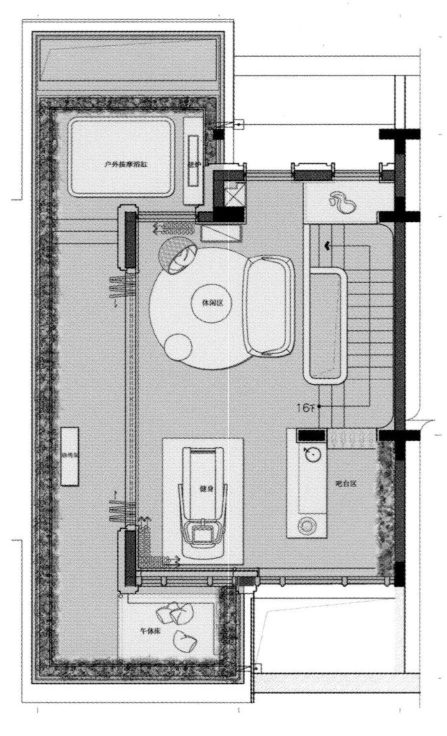

理解，运用独特的设计语言，呈现居住空间的独特性，可以在整个设计中发现多种文化和风格的融合。

作为居所中的点睛之笔，承启上下动线的主楼梯宛如雕塑般存在于空间之中，虽然用色低调，但造型、工艺都是老上海Art Deco的典范，优雅、柔和、动感的曲线一气呵成。楼梯墙面的装饰元素也秉承这一手法，银色的装饰线条也是典型的Art Deco元素。彼时的巴黎、上海与此时此刻的上海通过这件雕塑艺术品在时空交错间得以穿越，激荡出艺术的共鸣。

Art Deco元素亦被延展至各个空间，设计师对于线条装饰的运用也极为热衷，地下空间的设计更具个性化，线条的运用也更加丰富自由。装饰架和书架的设计也强调了整体立面线条的作用，空间因此更加灵动通透。而在各个不同区域，玻璃、水晶、石材、木料、织物等不同材质的家具、装饰、摆设交错组合着，光亮的、低调的、华丽的、古朴的、平滑的、粗糙的，它们相互穿插对比，形成富有力量、充满活力、多元创新的后现代风格。

设计师说，他只是希望通过自己个性的现代设计语言，重新审视与诠释传统，却在不经意间造就了一种穿越时空的艺术之美。

感官极致，设计与艺术的交响曲

项目名称：江苏太仓上海公馆280样板房
设计公司：Pin-Design致品设计
设 计 师：蔡智萍（Mary Cai）
项目面积：280平方米
主要材料：黑金花大理石、法国米黄大理石、霸王花大理石柱

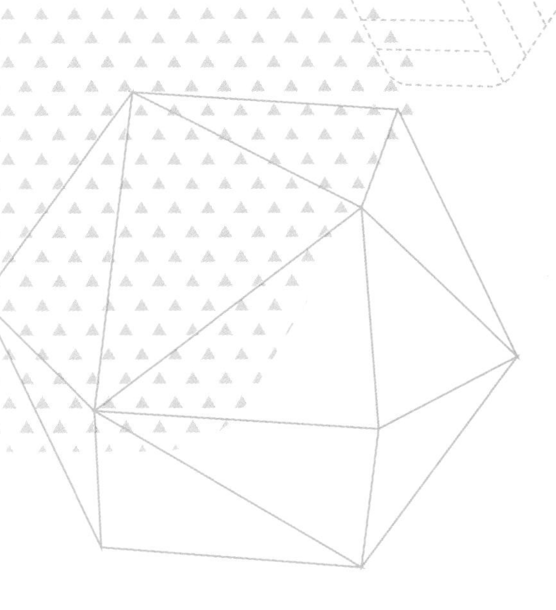

在辽阔的艺术世界里，不同结构、体裁、表现手法的艺术形式，常有其共通性。
其中，音乐与室内设计的通性表现在节奏和韵律上。当眼睛代替耳朵，将无形节奏化为有形具象，并描摹出情绪所孕育出来的形态，设计与音乐便在奇妙地牵引下相融共生。
在这套作品中，设计师蔡智萍便是凭借自幼积累的音乐、舞蹈艺术素养，以及她对古典美学深厚的掌控功力，让空间宛如艺术精灵掠过，呈现迷人光彩。

项目的设计灵感来源于莫扎特的名作《D大调嬉游曲》，在华丽高贵的整体格调的基础上，力求传达欢快愉悦、幽默嬉戏的空间情绪。奢华精粹的古典元素与时尚简约的现代语汇在空间中交织融合，并加入当代艺术画作渲染艺术气氛，最终呈现出优雅细腻的极致美学。

自在流淌的韵律节奏

在莫扎特创作的所有嬉游曲中，《D大调嬉游曲》无疑是一首巅峰之作。这首在莫扎特青春萌动的年纪里写下的充满阳光气息的名作，旋律中透出天真无邪、欢快无忧的情绪，而这正是设计师最为欣赏的地方。她希望通过设计的表达，将如此愉悦、向上、热爱生活的精神内涵传达给居住者，而这一切是从空间的改造开始。

原先南北两厅的传统格局被改造成南厅、中厅、西厨的布局，在大平层住宅中营造出尊贵、大气的格调，也让一曲流畅明快的乐章就此拉开帷幕。

客厅区域天花吊顶以带有装饰艺术风格（Art Deco）的线条勾勒出八边形造型，横纵交织、间隔有致，与倒金字塔型的水晶吊灯相得益彰。

走廊区域吊顶呈现出优美的弧形，与同一区域地砖上描绘的轮廓遥相呼应。两侧高耸的科林斯柱渐次排开，以霸王花大理石打造的柱身搭配通体鎏金的卷须花蕾柱头，流露出古老文明的印记。

餐厅中层层舒展的穆拉诺水晶宫灯好似绽放中的花朵，环绕圆桌依次排列的餐桌在下方以舒展的线条姿态拥其入怀。这些重复运用的线条与造型，共同缔造了空间强烈的韵律感和秩序性，犹如交响乐中以强弱、长短变化组合而成和谐优美的音调。

变中生序的魅力色彩

除了空间节奏的变化外，韵律美感同样也体现在色彩渐变中。设计师以女性特有的色彩敏锐度与细腻心思，将考究的搭配延伸到每一处空间，形成丰富而极具层次感、变幻性的感官效果。

黑金配的基础用色尽显庄重雍容气度，而其中一抹橘红色的加入更是为空间注入无限激情与快乐，华丽之光难以掩藏。

黑金花大理石地砖以大气内敛的色泽为公共区域奠定恒久的古典之美，黑色钢琴漆面台几、餐桌与纯白色现代风格沙发搭配出强烈的视觉反差。

橘棕色绒面金穗窗帘、橙红镶青蓝纹缎面餐椅、暖橙色皮质沙发凳，利用不同材质的肌理串联相似的色彩，循序渐变，深浅有度，色彩荡起的音符徐徐奏起，奏响充满阳光气息的优美旋律。

静安豪景苑

项目名称：Timeless——上海吉宝静安豪景苑
设 计 师：潘及（Eva Pan）
项目面积：300平方米
主要材料：大理石、壁纸、木地板

家园不只是一栋栋崭新的楼房、一条条全新的马路，它更多意义上是城市的起源和心的归属。坐落于上海老城区的静安豪景苑，有着得天独厚的地理优势，闹中取静透着一股老上海的腔调。这个兼具现代设计与老上海韵味的项目，独特地展现了上海独有的生活方式。在这样的小区安家恐怕是每个人心中的愿景。走进这里，就在静安豪景苑造一个家，通透的空间、艺术的气息、Art Deco的风格，让这个位于都市中心的、独具人文气息的家在静谧中透着这座城市所独有的老上海的"雅"。如此独特的装饰主义风格，可能只有在上海才能发现，并与上海的气质结合得浑然一体。我们就此展开了设计思路，设计中我们通过色彩、形式、材质的变化，有序地结合故事和文化，用艺术品把我们的设计构思整体串联起来，希望呈现给大家的是具有艺术气质和人文情怀的作品。

作品中我们运用了黑色和金色作为主色调，铺染出室内空间的高贵气质和Art Deco风格的基调。另外，我们大胆地加入了表现上海独有气质的蓝绿色，丰

EFGH

富整个空间的层次，讲述多元的文化背景。取材上使用了丝绒、特殊珍贵的皮质，搭配铜的质感，赋予整个空间沉稳和内敛的气质。当你触摸空间得出的细腻感受，仿佛联想起老上海那一刻的点点滴滴。空间中处处可见一些有趣和新颖的摆件，爱马仕的餐具、家居用品，Baccarat的水晶雕塑，当代艺术家的作品及画作等。它们静静的就像是生长在那里的，和环境如此的匹配，来自西方的血统在我们这个空间里传达出主人对西方文化的留恋和高品质的生活态度。艺术家George Mathias绝版艺术作品可谓是空间的点睛之笔，把空间的气氛带到了沸腾的境界中，我们作为茶几的形式展现，但它本身是作为一件艺术品在和大家对话，耀眼的金色闪耀在客厅中央犹如一颗发光的宝石点亮了整个空间。

拥有一个具有个人魅力的居所是每个人的梦想，我们一直在努力创造。它静静地浮现在我们脑海里，希望一样可以映入您的梦中。

D大调演绎上海滩滨江生活

项目名称：尚海湾二期

设计公司：HWCD

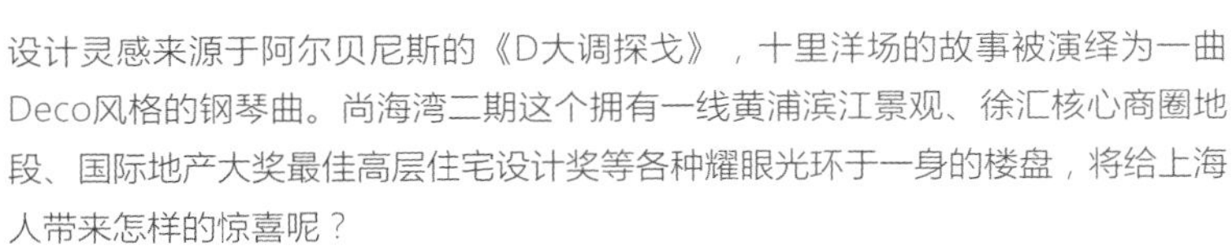

设计灵感来源于阿尔贝尼斯的《D大调探戈》，十里洋场的故事被演绎为一曲Deco风格的钢琴曲。尚海湾二期这个拥有一线黄浦滨江景观、徐汇核心商圈地段、国际地产大奖最佳高层住宅设计奖等各种耀眼光环于一身的楼盘，将给上海人带来怎样的惊喜呢？

尚海湾项目由恒盛集团开发，由HWCD担纲设计，是上海市中心最大规模的滨江豪宅项目之一。项目位于黄浦江与徐汇商圈交汇处，占据上海市中心滨江沿线的铂金地段。项目总占地约26万平方米，规划建造十余栋豪华住宅楼宇，以完备的商业配套造就了罕见的地标级城市滨江综合体。项目集豪华住宅、商业办公、文化娱乐、旅游休闲于一体，倾力打造上海国际生活新标准。

作为"2016 International Property Awards, Asia PaciÞc Property Awards"的最佳高层住宅大奖得主，尚海湾已获得了国际地产领域的最高殊荣与赞誉。这标志着项目的建筑、室内、景观已达到了世界级豪宅标准，媲美纽约、伦敦。

本次发布的尚海湾二期样板房采用Bespoke Collection的Deco图案定制布艺和私家定制家居，诠释了上海大都会风格的设计品位。通过领先的工艺技术和高品质的材料选择，软硬装和谐的搭配，演绎了新上海豪居生活的高定蓝本。

设计师以现代生活为审美考量，选取经典的黑白灰搭配为空间主基调。E户型融入了独属老上海的暗红色，为空间注入活力。各种灰度、材质创造出空间的多重层次和质感。自然形态的梧桐叶水晶吊灯是老上海记忆的重温，以其精致的工艺成为整个空间的点睛之笔。

餐厅与客厅相互呼应，软硬装的色彩协调搭配出空间的整体感。装饰画为空间营造了一层艺术氛围，两幅以上海滩为主题的创作油画选取了老上海色调，通过强烈装饰艺术派风格的手法，将色彩体块进行相互交错拼接，令人久久回味。外滩的建筑意象符号通过拼贴（Collage）的平面手法表达，展现上海滩特有的大都会形象。

主卧延续了整体户型的色彩格调。Art Deco风格的装饰画再次强调了大都会主题。大面积软包的处理和金属细节的搭配使空间更为饱满。叶脉纹理的装饰地毯丰富了整个空间的层次，给人以柔和、舒适、精致的整体感受。

次卧的装饰图案地毯和现代风格画作也极具大都会装饰艺术特色，营造了整体空间的现代艺术氛围。

中式风格

中式风格是从我们中国五千年文化传统中继承和发扬出来的设计风格，它的内涵与精神是民族历史长期积淀的结果，是中华民族特有的，也是民族形式的灵魂所在。传统中式风格在室内设计中融合了庄重和优雅的双重品质。而现代中式，则显得轻盈和清新。不论哪种都与我们的精神共鸣，文化相生，审美相契。在中式的空间里，我们能由衷地体会到喜悦和放松。

中国文化一向以海纳百川为特点，一方面我们延续自己的文脉，另一方面吸取多民族、多地区、多国家的文化养分，与各国交流合作，形成多元共生的文化特点。所以欣赏中国的美，可以是雕梁画栋、金碧辉煌的雍容之美，也可以是小桥流水、江南烟雨的清秀之美，同时还有大漠孤烟、落日长河的浑厚之美，也有万物相生、人宅相扶的自然之美等。中式的美是多彩多姿，多形多变的，体现在空间设计上也是丰富多彩，形态万千。

中国古村落

项目名称：万科翡翠公园，设计公司：创域设计

文化特征

天人合一

中国传统哲学是“天人之学”，《周易》称天道、地道、人道为“三材”，其“三材之道”就是把宇宙万物归纳成不同层次而互相制约的三大系统，这三大系统不是独立或对立的，而是有着不可分割的联系，同处于一个“生生不息”的变化之流中。道家先贤庄子曰：“天地与我并生，而万物与我为一”，这种哲学思想反映了道家尚“无为”，重“天然”，追求“天人合一”的宇宙观。老子所说：“人法地，地法天，天法道，道法自然。”中国古代，自然再现的思想在建筑与室内装修中的影响极为深远，如中国古典园林建筑多以“山水林泉之乐”为设计思想。儒家鼻祖孔子曰：“智者乐水，仁者乐山”，亦道出其中奥妙之所在。我们在选房子的时候也讲究“人宅相扶”。

在中式空间布局中，有条件的话，居室可布局于重点部位，四周以廊、墙及次要建筑与中式居室相环绕，从而使中式设计居室内外空间相互渗透，气脉流通。在中式室内装修中，将内部居室空间布局与外部环境融为一体，要善于将室外环境引入室内，也要善于中式居室间的互相借景，同时在设计时将工艺美与自然美和谐统一，从而创造出中式装修居室“天人合一”的高雅境界。

设计师：连君曼

项目名称：九间堂，设计公司：达观设计

阴阳相生

中国古代道家的阴阳学说富有辩证思维，天地万物阴阳互证，有无互衬，虚实相映，互相贯通，互相渗透，互相依赖，互相转化。阴阳包括的内容极为广泛，如道与器、形与理、时间与空间、精神与物质、内与外、上与下、天与地、人与鬼神都属阴阳的范畴。

中国古建筑艺术处处充满着辩证法的睿智光彩，在中式装修居室布局中常常出现的阴与阳、虚与实、疏与密、围与透、直与曲、主与从、动与静的关系，演绎出中式室内装修不同的空间内涵。

中式室内设计者要重视这些辩证法则，可在空间分隔中采用朦胧巧妙的分隔手法，运用碧纱橱、博古架、书架、太师壁、飞罩、帷幔等营造中式空间似隔非隔、似连非连的流动之美，形成对景、借景，以增添中式装修空间曲径通幽之感和妙趣玄雅之意。

设计师：连君曼

项目名称：九间堂，设计公司：达观设计

象外之象

中国传统文化极为注重含蓄、隐晦、曲折，追求一种“象外之象”“韵外之致”的艺术境界。如中国园林艺术认为“露则浅”而“藏则深”。往往采用“欲显而隐”“欲露而藏”的手法，将精彩而富有意蕴的建筑空间及景观藏于偏僻幽深之处，或藏于山石林梢之间，使其忽隐忽现，若有若无，极力避免开门见山，一览无余。这些都是在中式室内装修中可以汲取的含蓄表现手法。

设计公司：圣易文设计

人伦有序

中国人讲究人伦原则："父子有亲，君臣有义，夫妇有别，长幼有序，朋友有信。"这种人与人之间的关系也体现在空间的设计与布局上。虽然现代家庭在不停地向小型化转换，但是中国人仍然延续着尊老爱幼、兄友弟恭、姐妹和睦的美德。在中国式的家庭里，三代同堂仍然是很常见的家庭结构。长幼有序、内外有别等人伦礼仪都影响着空间的布局和动线的规划。

设计公司：品川设计

项目名称：华润二十四城，设计公司：李益中设计

艺以载道

中国传统的文艺欣赏中，最喜欢谈"诗情画意""韵味""神韵""境界"等，已不是停留在表面言象上所能领略到的，所谓"只有意会，不能言传"。但是我们的文化和观念却可以通过各种形式去影响空间中的人。在古代，雕梁画栋、石雕木刻一方面是装饰住宅，另一方面是通过艺术形象或故事传说传递文化与观念。

中式室内装修，更要重视诗文书画在中式传统室内空间中的运用。在中式装修室内如何悬挂书画、楹联、匾额、题词等，这些都值得仔细推敲，使之能够表达文化主题，渲染高雅气氛，此外还有茶道、花道、香道、琴道等中华传统文化，都让我们体悟到生活的优雅、从容，从而营造出一种含蓄、清雅、饱含书卷之气的至美境界。

与鹤同归，设计公司：道胜设计

项目名称：华润二十四城，设计公司：李益中设计

居室特色

与木相亲

我国传统建筑源远流长，木构架的结构体系是其最显著的特征之一。中国传统的政治体系崇尚典章制度，至儒教兴盛，尤重礼仪，因此建筑讲究名称方位、部署规制。宋代李诫所著的《营造法式》和清雍正十二年（1734年）清工部修订的《工程做法则例》，就明确规定了27种不同建筑物的设计等级、建造规范与木作、石作、瓦作、彩画等具体施工工艺的详细操作方法。另外，与追求永恒不灭的埃及人不同，中国以自然生灭为定律，时限到了就要更换，因此建筑并不追求亘古永存。木材独有的属性和中国人特殊的审美心理赋予传统建筑独特的美学原则。在漫长的发展过程中，中国的传统建筑始终保持着最初的基本形制和美学原则，并且不断改进，逐步发展成为一种完善自律的体系。伴随着传统木构架建筑体系产生和发展起来的中国传统室内设计，至今也已走过了数千年的历程，并以其自身蕴含的丰富内涵和文化特质，在世界室内设计中独树一帜。

中国古建筑在材料上偏爱木材，以木构架结构为主体，其他部分为围护结构，并且立柱、横梁及椽檩、斗拱等主要构件多为木质，构件之间以榫卯相结合。室外的门窗、檐下的牛腿挂落，皆以木材或拼接或雕刻组装而成。室内的家具也偏爱木质，不论是床榻、案几、桌椅、屏罩皆为木制，有人说中国人的家是用木头搭建起来的，一点也不夸张。

西递古村大宅

中轴对称

中国古代以"三纲五常"来维系人与人之间的关系，与宗法社会相结合，形成一种礼制秩序。这也对包括建筑和室内设计在内的各种建制严加界定。一座建筑不但在体量、形式和做法上有所区别，而且关于室内的装修、陈设、色彩以及纹样等都有一系列的品级规定。比如作为中国北方传统住宅代表的"四合院"，以辈分、年龄、性别为依据，通过对一座住宅中正房、厢房、后罩房、倒座房的安排，以形成亲疏、尊卑、长幼的分野。到了现代，已经没有那么严格的尊卑上下之别。但对家庭的重视和对审美的取向、对吉祥寓意的偏好仍然保持着高度的一致。

中国传统建筑的格局以"家族"的概念作为基础展开，通过环境氛围的营造，把伦理道德的价值观转化为审美意识，从而将建筑和室内设计的审美观念置于理性的支配之下。中国传统建筑的平面往往有明确的轴线，单体建筑用方位和造型确定明确的主从关系，再通过严格的轴线对称方式将整个组群贯穿起来，形成统一的整体。传统建筑中的室内布局也多为对称形式，家具的摆放一般采用成组或成套的对称布局形式，以迎门临窗的桌案或前后檐炕作为布局中心，配以成组的几、椅，力求严谨划一。这种对称式的布局方式，端正稳健，庄重高雅，秩序井然。

项目名称：林语堂别墅，设计公司：尚壹扬装饰设计

自由组合

中国传统室内布局的特点，在于把内部空间与装修陈设放在一起综合考虑，将空间当成白纸，装修陈设当成画笔，运用"计白当黑"的哲学思想，通过内部空间的灵活组合来完成对室内布局、立面造型及家具陈设的艺术处理。建筑平面以"间"为单位，间与间之间可隔、可通，空间利用非常灵活方便，门窗的位置和处理也极为自由。在室内空间，除固定的隔断和隔扇外，还使用可移动的屏风和半开敞的罩、博古架等与家具相结合，对于组织室内空间起着增加层次和深度的作用。现代空间中，功能布局基本已经固定，部分空间可以通过屏风、移动隔门等对空间进行灵活划分。

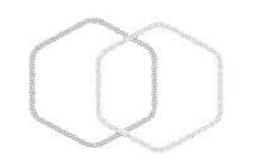

项目名称：林语堂别墅，设计公司：尚壹扬装饰设计　项目名称：上海中信泰富朱家角别墅，设计公司：达观设计

装饰元素

色彩

中国人认为色彩是从天地阴阳而化生五色，即由黑白二基色而衍生出青、赤、黄、白、黑五彩，循道从玄，扑朔迷离。在儒家、道家和佛家思想的影响和融会贯通中，形成了独具中国特色的五色审美体系。

中国古人从"阴阳五行"中析出五种色彩：东青龙、西白虎、南朱雀、北玄武，以及天地玄黄，对应的五行分别为木、金、水、火、土。在古代，建筑色彩的选用也有严格的阶层规定。比如，以黄色为最尊，只有皇家才能使用，然后依次是赤、绿、青、蓝、黑和灰。宫殿建筑使用金、黄和赤色调，而宅邸建筑只能用黑、灰、白。现代社会已经可以自由使用各种色彩，不论是明亮的黄、热烈的红、爽朗的蓝都能搭配出令人惊艳的视觉效果。

中国传统绘画色彩也随着民族审美心理的变化在不同时期呈现出不同的色彩审美倾向。用色从单色凝重到绚烂多姿，在宋元以后又呈现出简淡纯朴的倾向。在传统绘画色彩的审美流变中，无论是浓墨重彩还是清新淡雅，五色运用的色彩语言给人的视觉形式变化，对中国人的审美心理影响至深。

唐朝李昭道的《明皇幸蜀图》

中国画家在进行黑白水墨绘画时，他们从不拘泥于自己眼中所见到的物象的固有色彩，而是强调意象的表现物象，色彩通常带有很强的象征性和主观意象性。

一般而言，在相对传统或高端的中式空间中，不宜同时大面积地使用高纯度的颜色，大面积高纯度色彩的混用会让人产生疲劳、浮躁之感，也破坏优雅的空间氛围。因此，在使用时可降低纯度、明度，缩小使用面积，适当采用金、银、黑、白等色彩作为过渡色，以达到整体空间的和谐统一。如果是比较时尚年轻的中式空间，不妨试试高明度的色彩搭配，一些样板房采用纯白的简式中式家具，清新明亮，也符合这个时代的审美。所以色彩的搭配"运用之妙，存乎一心"。

中国本来有自己的一套传统色系，在近代一本介绍刺绣的书籍《雪宧绣谱》中，色彩已经达到九十多种，但在民国时期遭遇了重创，英国人W. H. Perkin发明了合成染料后，中国人开始逐渐放弃了自己原有的矿物及植物染料，大量使用西方的化学染料，以至于今天中国在东亚是保持传统色最差的一个国家，这不能不说是文化上的一个遗憾。

设计公司：LSDCASA

设计公司：成象设计

设计公司：水平线设计

家具

如果按照中国历史的演变，中国传统家具可以集合成一部恢宏巨著，从春秋到隋唐之前都是以低型家具为主，唐之后高型家具开始普及，明代是我国古典家具发展的顶峰，经典的明式圈椅在如今的全球市场仍然是卖得最好的椅型。不同历史时期，家具呈现不一样的风貌，如果要以时代做设计概念，则需要了解各个时期家具的类型与主体特征。

春秋战国，家具以楚式漆木家具为典型代表，具有绚丽的色彩、神奇的图案，以龙凤云鸟纹为主题，充满着浓厚的巫术观念。

夏商时期，是我国古代家具的初始时期，其造型纹饰原始古拙、质朴浑厚。这一时期家具有青铜家具（如青铜俎）、石质家具（如石俎）和漆木镶嵌家具（如漆木抬盘）。漆木镶嵌蚌壳装饰，开后世漆木螺钿嵌家具之先河。

秦汉时期，汉代漆木家具是其中杰出的代表，精美绝伦，光亮照人。此外，还有各种玉制家具、竹制家具和陶制家具等，并形成了供席地起居完整组合形式的家具系列。可视为中国低矮型家具的代表时期。

三国两晋南北朝时期，在中国古代家具发展史上是一个重要的过渡时期：上承两汉，下启隋唐。这个时期胡床等高型家具从少数民族地区传入，并与中原家具融合，使部分地区出现了渐高家具，椅、凳等家具开始渐露头角，卧类家具亦渐渐变高。

隋唐时期，唐代是我国封建社会的鼎盛时期，家具在工艺制作和装饰意匠上追求清新自由的格调。从而使唐代家具制作的艺术风格，摆脱了商、周、汉、六朝以来的古拙特色，取而代之是华丽润妍、丰满端庄的风格，此时高低型家具同时并存。

五代时期，高型家具普及，家具功能的区别日趋明显，一改大唐家具圆润富丽的风格而趋于简朴。

宋代时期，高型家具已经普及到一般普通家庭，如高足床、高几、巾架等高型家具；同时，产生许多新品种，如太师椅、抽屉橱等。宋代家具简洁工整、隽秀文雅，各种家具都以朴质的造型取胜，很少有繁缛的装饰，最多在局部画龙点睛，如装饰线脚，对家具脚部稍加点缀，但也缺乏雄伟的气概。

元代是我国蒙古族建立的封建政权。由于蒙古族崇尚武力，追求豪华的享受，反映在家具造型上，是形体厚重粗大，雕饰繁缛华丽，如床榻尺寸较大、坐具为马蹄足等，具有雄伟、豪放、华美的艺术风格。

明代是中国古典家具发展史上的辉煌时期。其中，硬木家具最为世人所推崇和欣赏。明式家具用材讲究古朴雅致，选用精致细腻、强度高、色泽纹理美的硬质木材，以蜡饰表现天然纹理和色泽，浸润了明代文人追求古朴雅致的审美趣味。明式家具在造型上特别讲究线条美，它不以繁缛的花饰取胜，而着重于家具外部轮廓的线条变化，因物而异，各呈其姿，给人以强烈的曲线美。明式家具雕刻手法主要有浮雕、透雕、圆雕以及浮雕与透雕结合等多种，有人认为还有平雕（又分为阴刻和阳刻），其中以浮雕最为常用。明式家具的装饰手法善于提炼，精于取舍。主要通过木纹、雕刻、镶嵌和附属构件等来体现，达到了前所未有的工艺水平。在选料上十分注重木材的纹理，凡是纹理清晰好看的美材，总是放在家具的显著部分。明式家具的镶嵌方面有用木、骨、螺、瓷、玳瑁等平镶或凸镶。雕刻纹饰题材广泛，大致有卷草、莲纹、云纹、灵芝、龙纹、螭纹、花鸟、走兽、山水、人物、凤纹、树皮纹、竹节纹、吉祥图文、宗教图案等。

清代时期，清代家具工艺制作精湛，达到了封建社会的高峰。清式家具在继承传统家具制作技术的过程中，还吸收了外来文化，形成了鲜明的时代风格。又由于经济的繁荣，还形成了不同地区的家具风格，如广式、苏式、京式等，各具特色。清式家具自有其独特的艺术风格，以造型浑厚稳重、装饰富丽繁缛、工艺技术精湛而著称。而且，清式家具距离我们现在时间较近，流传下来许多家具实物，对现代社会影响较大。

目前市场中常见的古典中式家具有方桌、圆桌、半桌、太师椅、圈椅、官帽椅、玫瑰椅、禅椅、鼓凳、箱柜、博古架、多宝格、插屏、围屏、罗汉床、架子床、拔步床等，不同的家具有不同的特色，有的繁复华丽，有的简约硬朗，不改的是庄重与优雅。另外，中式家具体量相对较大，在尺度不大的居室中使用需谨慎。在现代社会的中式空间中，除了很复古的空间，会采用全套的红木家具。其他空间一般会精选几件明清中式家具与现代风格的家具，如沙发、茶几、桌案等混搭使用。只要造型接近，色彩和谐，反而能搭配出中西合璧的时尚空间。

中式传统家具

项目名称：鲁能钓鱼台，设计公司：LSDCASA

陈设

中国传统室内陈设包括字画、匾幅、挂屏、盆景、瓷器、古玩、屏风、博古架等，追求一种修身养性的生活境界。在装饰细节上崇尚自然情趣，植入花鸟、鱼虫等元素，精雕细琢，富于变化，充分体现出中国传统美学精神。

设计公司：动象设计

设计公司：道胜设计

项目名称：济南绿地复式示范单位负一层茶室，设计公司：成象设计

项目名称：南昌铜锣湾，设计公司：柏舍设计

项目名称：2015据宾之家，设计公司：水平线空间设计

装饰图案

中国装饰图案的基础来自于祥瑞文化。祥瑞又指福瑞，最初指表达天意且对人有益的自然现象，如风调雨顺、禾出双穗、地出甘泉、奇禽异兽出现等，这种祥瑞崇拜基于"万物有灵""天人感应"等观点。后引申为与吉祥事件相关的现象、形象等。中国人一般用祥瑞图案、吉祥图案或代表伦理道德的经典故事来作为室内的装饰图案。

图案以龙凤为最贵，其次是锦缎几何纹样，而花卉、风景、人物大都用在庭院建筑上。宫殿建筑使用龙、凤纹或吉祥花草图案，后来又加上了西番莲、灵芝等形象。佛教建筑主要用莲花瓣、佛经梵文或法器等纹样。普通的宅邸建筑布局较为规则，其厅堂装修更趋严整，装饰纹样更多地选择表现礼义忠孝、如意吉祥等内容的图案。园林建筑总体布局自由，注重与周围环境的协调，常用植物花草或博古器物，如琴、棋、书、画等形象作为纹样，富有书卷气。

中国祥瑞图案非常丰富，常用于室内、家具、装饰上的图案主要有以下几类：

1.图腾类：如龙、凤纹。其中龙纹还有多种样式，如文龙、草龙、螭龙纹，以及完全抽象成曲尺状的拐子龙。这种拐子龙装饰图案在清式家具牙边、扶手等处极为常见，显得比较庄重严肃。

云龙图案是比较常见的装饰，吉祥而隆重。云龙的主题是云中之龙，所以图案上龙形要醒目而生动。龙在云中盘旋有力量，云有上升或流动感者最佳。

兰溪长乐村滋树堂，芝鹿图案的牛腿

狮子图案的牛腿

2.动物类：如芝鹤延年寓意长寿，鹿即禄，鱼即有余，蝙蝠即福。鸳鸯寓意夫妻和睦，喜鹊寓意人心喜悦，喜狮寓意喜事。另有鹤鹿同春、五蝠捧寿、蝠（福）在眼前，蝙蝠衔玉下挂双鱼叫吉庆有鱼，喜鹊落梅枝叫喜上眉梢。麒麟回首寓麒麟送子等。

3.花草类：如松、竹、梅，叫“岁寒三友”，外加兰花，则称“君子四性”。牡丹寓意富贵。西洋西番缠枝莲寓意子孙万代、富贵连绵。葡萄、葫芦寓意子孙多多连绵不断。灵芝、水仙、寿桃寓意灵仙祝寿。佛手寓意多福多寿。石榴寓意多子。莲花寓意圣洁。

竹梅图形的石雕

人物故事图案

人物故事图形

4.天象类：如祥云纹，升云、团云、流云、勾云。山水图案，江山万代、日月普照等。

5.神话故事类：如明八仙，是八仙人物。暗八仙，实际上是八仙使用的各种法器。

6.几何图形类：万字（原佛教符号，寓意吉祥万福万寿），还有曲尺纹、回字纹、十字连方、四起云合、锦地纹等。

7.生活场景类：有农耕图、游春图、高士读书图、百子游戏图、对弈图、煮茶饮茶图等，寓意太平富足生活。

8.文字图形类：多种寿字、福字和福寿变体字等。

9.物品类：如博古图，由鼎、宝瓶、香炉等各种宝物构成高雅静洁的博古纹。还有花瓶里插如意，寓平安如意等。

中国是个多民族国家，所以谈及中式古典风格实际上还包含民族风格，各民族由于地区、气候、环境、生活习惯、风俗、宗教信仰以及当地建筑材料和施工方法的不同而具有不同形式和风格，主要反映在布局、形体、外观、色彩、质感和处理手法等方面。

中式家居风格经过几千年历史的沉淀已成为一种生活时尚，一种文化的情调，以一种返璞归真的心灵回归呈现在人们面前。

寿字图形的木雕

博古图的木雕

素色锦年

项目名称：林语堂别墅A4-3户型样板间
设计公司：尚壹扬装饰设计
主案设计：谢柯、支鸿鑫
参与设计：谢斌、张久洲、邓磊
软装设计：李蓓颍
项目面积：390平方米

项目位于重庆市南山风景区内涂山巅峰处，全部建筑依山就势而建，将院落别墅藏于山中。室内设计结合现代中式元素，营造尊贵、私密的氛围，配合周边优雅与宁静的环境，让整个空间极具东方意味。

在林语堂别墅的打造上融合了纯正的中式园林院落居住文化，贯通自然之道，中式的意境宁静致远，置身于中式的室内空间能感受到东方的气质与艺术的结合，这种传承的魅力会使人有一种穿越的错觉，在喧闹的都市给人以平静祥和，感受生活中的宁静之美。简约的现代时尚感与东方元素的抽象深植于整个空间中，蕴涵了大气深邃的东方意境，并具有现代的审美趣味。

设计从东方传统元素中汲取灵感，大胆地加以"破坏"和"否定"，从而创造出一个全新的理念。在传统符号中寻找抽象表达的元素，寻找最感性的地带，文化、艺术、深色木作、素色墙面的表象背后，肆意地表达一种艺术的力量，无形中增强了空间的神秘感。

设计师认为，传统东方文化不是符号的简单罗列与复制，而是追求在表象背后通过当代设计形式、设计语言，张扬地表达当下的审美意志。在这个充满想象的空间里，精神和意境、品质与灵魂、当代艺术和传统文化，不断地邂逅与融合。生命在空间里充盈灵动，拥有一种浪漫主义的气氛，营造了东方文化的艺术空间将成为心灵休憩的归所。

欧式风格

欧式风格，是欧洲大陆各式风格的集合，按国家地域分，主要有法式风格、意大利风格、西班牙风格、英式风格、地中海风格、北欧风格等几大类型，以上风格在中国的样板房市场都是较为常用的。

按其历史渊源来看，欧式风格也是不断吸取周边文明并演绎进化，从而在欧洲各国流行开来。欧式风格最早来源于埃及艺术，埃及的历史起源被定位于公元前2850年左右。埃及的末代王朝君主克里奥帕特拉（著名的埃及艳后）于公元前30年抵御罗马的入侵。之后，埃及文明和欧洲文明开始合源。其后，希腊艺术、罗马艺术、拜占庭艺术、罗曼艺术、哥特艺术，构成了欧洲早期艺术风格，也就是中世纪艺术风格。

从文艺复兴时期开始，巴洛克风格、洛可可风格、路易十六风格、亚当风格、督政府风格、帝国风格、王朝复辟时期风格、路易·菲利普风格、第二帝国风格构成了欧洲主要艺术风格。这个时期是欧式风格形成的主要时期。其中最为著名的莫过于巴洛克和洛可可风格了，深受皇室家族的钟爱。此外，新艺术风格和装饰派艺术风格成了新世界的主流。

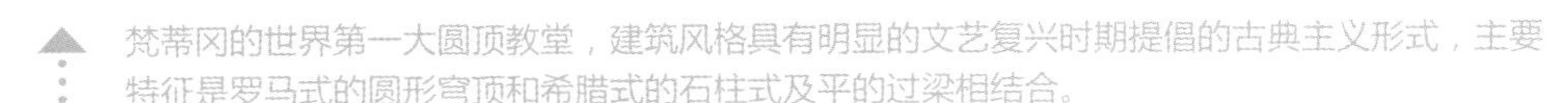
梵蒂冈的世界第一大圆顶教堂，建筑风格具有明显的文艺复兴时期提倡的古典主义形式，主要特征是罗马式的圆形穹顶和希腊式的石柱式及平的过梁相结合。

在欧洲的建筑及室内发展过程中，按时期主要分为：

时间	分类	代表作品
公元前1200年－公元前7世纪	古希腊风格	帕提农神庙、海菲斯塔斯神殿
公元1－3世纪	古罗马风格	古罗马马采鲁斯剧场、罗马斗兽场、万神庙
公元4－6世纪	拜占庭式风格	圣索菲亚大教堂、威尼斯圣马可教堂
公元6－12世纪	罗曼式风格	法国昂古莱姆主教座堂、施派尔主教座堂
公元12－16世纪	哥特式风格	德国科隆大教堂、圣丹尼斯教堂、法国亚眠大教堂
公元14世纪	文艺复兴风格	圣母百花圣殿、圣彼得教堂、巴黎万神庙
公元17－18世纪	巴洛克风格	拉斐特城堡、凡尔赛宫
公元18世纪中叶	新古典主义风格	维尔纽斯主教座堂、苏格兰皇家学院、马德里的普拉多博物馆
公元18世纪20年代	洛可可风格	德国波茨坦无愁宫、巴黎苏俾士府邸公主沙龙、凡尔赛宫的王后居室
公元19世纪上半叶－20世纪初	折衷主义风格	巴黎歌剧院、巴黎圣心教堂

科隆大教堂外观、局部，是由两座最高塔为主门、内部以十字形平面为主体的建筑群。教堂外形除两座高塔外，还有1.1万座小尖塔烘托。集宏伟和细腻于一身，被誉为哥特式教堂建筑中最完美的典范。

以上风格中，在中国的样板房市场出现过拜占庭式、哥特式、新古典主义、巴洛克、洛可可等，此类风格装饰繁复浪漫，投资较大，对户型面积、高度也要求较高，因此主要用于高端项目的装饰。后来为了满足大众化市场对欧式风格的喜爱，简化后的欧式风格，即所谓简欧在样板房装饰中也较为普及。这里对其中几种最受欢迎的风格进行介绍。

欧式风格的多样性，导致了不能用简单的共性去描述欧式风格，如果按现代人的审美，将其分成古典欧式和现代欧式，将更易于我们的理解与欣赏。

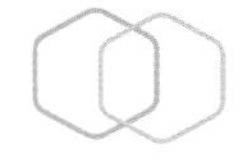

古典欧式

当物质生活高度富足，有实力又有鉴赏能力的精英阶层，又萌发出一种向往传统、怀念古老珍品、珍爱有艺术价值的传统风格的情结，这就是古典风格长盛不衰的动力。于是欧洲文艺复兴时期那种描绘细致、丰裕华丽的风格，以及其后的巴洛克和洛可可这类曲线优美、线条流动的风格常在居室装饰及家具陈设中出现。配以格调相同的壁纸、帘幔、地毯、家具、外罩等装饰织物，以及陈列着颇有欣赏价值的各式传统餐具、茶具的饰品柜，给古典风格的家居环境增添了端庄、典雅的贵族气氛。

欧洲古典室内风格之所以恢宏大气，首先是由于它讲求合理、对称的比例，注重对称的空间美感。古典欧式风格的特征是强调线性流动的变化，将室内雕刻工艺集中在装饰和陈设艺术上，色彩华丽且用暖色调加以协调，变形的直线与曲线相互作用以及猫脚家具与装饰工艺手段的运用，构成室内华美厚重的气氛。它在形式上以浪漫主义为基础，常用大理石、华丽多彩的织物、精美的地毯、多姿曲线的实木家具，让室内显示出豪华、富丽的特点，充满强烈的动感效果。室内布局多采用对称的手法，以白、黄、金三色系为主。其实我们反观欧洲的宫殿和贵族城堡，会发现古典的欧洲室内的色彩其实很丰富，既有高饱和度的酒红、墨绿、紫红、深蓝，也有清新明快的粉红、粉蓝、柠檬黄等色彩的搭配，所以在做欧式风格时，色彩不妨用得再大胆些。

玛丽安托瓦内特的绿色卧室

林登霍夫堡皇宫（路德维希二世国王的卧室）

法国某城堡卧室

十八世纪初法国纽约大都会艺术博物馆

在造型设计方面，墙面镶以柚木木板或皮革，再在上面涂上金漆或绘制优美图案，天花以装饰性石膏工艺装饰或饰以珠光宝气的讽喻油画。

在家具选配上，一般采用宽大精美的家具，配以精致的雕刻，整体营造出一种华丽、高贵、温馨的感觉。

在配饰上，金黄色和棕色的配饰衬托出古典家具的高贵与优雅。富有古典美感的窗帘和地毯、造型古朴的吊灯使整个空间看起来富有韵律感且大方典雅。柔和的浅色花艺为整个空间带来了柔美的气质，给人以开放、宽容的非凡气度，让人丝毫不显局促。壁炉作为居室中心，是这种风格最明显的特征，因此常广泛应用在室内装修。

在色彩上，经常以白色系或黄色系为基础，搭配墨绿色、深棕色、金色等，表现出古典欧式风格的华贵气质。

在材质上，一般采用樱桃木、胡桃木、柚木、桃花心木等高档实木，表现出高贵典雅的贵族气质。

米兰大教堂内景

巴洛克风格

巴洛克风格是17世纪初至18世纪上半叶流行于欧洲的主要艺术风格。起源于17世纪的意大利，将原本罗马人文主义的文艺复兴建筑，添上新的华丽、夸张及雕刻风气，彰显出国家与教会的专制主义的丰功伟业。它强调作品的空间感、立体感和艺术形式的综合手段，是一种激情的艺术，具有浓郁的浪漫主义色彩。

风格特征：

1. 豪华，既有宗教特色又有享乐主义的色彩。
2. 它是一种激情艺术，非常强调艺术家的丰富想象力。
3. 极力强调运动，运动与变化是巴洛克艺术的灵魂，造型上多采用圆、椭圆、弧形来表现作品的张力。
4. 作品突出的空间感和立体感。

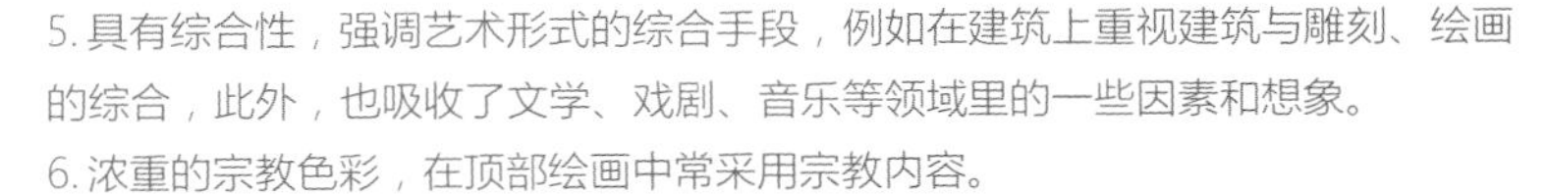

5. 具有综合性，强调艺术形式的综合手段，例如在建筑上重视建筑与雕刻、绘画的综合，此外，也吸收了文学、戏剧、音乐等领域里的一些因素和想象。
6. 浓重的宗教色彩，在顶部绘画中常采用宗教内容。
7. 大量使用装饰品（通常是镀金、石膏或粉饰灰泥、大理石或人造大理石），大尺度的天花板壁画。

巴洛克风格也可以说是一种极端男性化的风格，是充满阳刚之气的，是汹涌狂烈和坚实的。多表现为奢华、夸张和不规则的排列形式。主要特点是强调力度、变化和动感，沙发华丽的布面与精致的雕刻互相配合，气质雍容。强调建筑绘画与雕塑以及室内环境等的综合性，突出夸张、浪漫、激情等特点。大多应用于皇室宫廷内，如皇室家具、服饰、餐具器皿和音乐等。

建筑立面的平面轮廓为波浪形，中间隆起，基本构成方式是将文艺复兴风格的古典柱式，即柱、檐壁和额墙在平面上和外轮廓上曲线化，同时添加一些经过变形的建筑元素，例如变形的窗、壁龛和椭圆形的圆盘等。教堂的室内大堂为龟甲形平面，坐落在垂拱上的穹顶为椭圆形，顶部正中有采光窗，穹顶内面上有六角形、八角形和十字形格子，具有很强的立体效果。室内的其他空间也同样，在形状和装饰上有很强的流动感和立体感。

巴洛克风格在现代室内设计运用中（住宅和家具设计）更加符合实际，有着丰富细腻的生活情感，更能满足现代人的精神文化需求。它最大特色是富有表现力的装饰细部相对集中，简化不必要的部分而强调整体结构。

巴洛克风格的现代应用

洛可可式建筑风格于18世纪20年代产生于法国并流行于欧洲，是在巴洛克建筑的基础上发展起来的，主要表现在室内装饰上。洛可可风格的基本特点是纤弱娇媚、华丽精巧、甜腻温柔、纷繁琐细。它以欧洲封建贵族文化的衰败为背景，表现了没落贵族阶层颓丧、浮华的审美理想和思想情绪。他们受不了古典主义的严肃理性和巴洛克的喧嚣放肆，追求华美和闲适。洛可可一词由法语"Rocaille"演化而来，原意为建筑装饰中一种贝壳形图案。1699年建筑师、装饰艺术家马尔列在金氏府邸的装饰设计中大量采用这种曲线形的贝壳纹样，由此而得名。洛可可风格最初出现于建筑的室内装饰，以后扩展到绘画、雕刻、工艺品和文学领域。

银色镜厅，其富有浪漫色彩的设计与精妙的工艺堪称经典。

风格特征：

1. 细腻柔媚，常采用不对称手法，喜欢用弧线和S形线，尤其爱用贝壳、漩涡、山石作为装饰题材，卷草舒花，缠绵盘曲，连成一体。
2. 天花和墙面有时以弧面相连，转角处布置壁画。
3. 为了模仿自然形态，室内建筑部件也往往做成不对称形状，变化万千，但有时流于矫揉造作。
4. 室内墙面粉刷，常用嫩绿、粉红、玫瑰红等鲜艳的浅色调，线脚大多用金色。
5. 室内护壁板有时用木板，有时做成精致的框格，框内四周有一圈花边，中间常衬以浅色东方织锦。
6. 常用大镜面作为装饰，大量运用花环、花束、弓箭及贝壳图案纹样。善用金色和象牙白，色彩明快、柔和、清淡却豪华富丽。
7. 室内装修造型优雅，制作工艺、结构、线条具有婉转、柔和等特点，以创造轻松、明朗、亲切的空间环境。

该图为门厅，用彩色大理石装点，典型的洛可可风格。支撑台阶的墨绿色大理石柱采用了混合柱式，在卷草柱头上叠加了漩涡柱头——这是巴洛克时代以来的常见装饰；台阶下方安排了人物雕像簇拥的矮拱，拱顶上是石膏浮雕构成的画面，大量采用了花草、飞鸟和小天使作装饰；一盏绿色的金属吊灯从二楼垂吊下来，并配有大量的植物装饰；背后山墙上是无数塑像和浮雕簇拥着的家族纹章。

有风景图案的瓷盘（18世纪，德国）

自由流敞着洛可可的娇媚神韵

设计公司：IADC涞澳设计
设 计 师：潘及（Eva Pan）
项目面积：600平方米
主要材料：灰色哑光混水漆、艺术树脂漆、铜饰面、大理石、手绘壁纸

如果说巴洛克艺术是主导了法国古典公共建筑的风格，那宅邸内，洛可可风格更适合演绎唯美和舒适。如何把18世纪的洛可可艺术风格翻译成现代摩登的空间语言，是设计师潘及面临的主要挑战。

"洛可可风格善用不对称营造美感，线条纤弱婉转、颜色娇嫩华丽，继承了巴洛克格调的浮华与盛大，又在庄严的古典主义艺术中赋予了柔美的纤细与繁复，其间流淌着一种自由主义觉醒的精神。"设计师对洛可可的解读，正是这座宅邸设计的起点。

美学风格之一：不对称

进入大宅，地面蜿蜒的S形水墨曲线像落入了一水池中，随波荡漾，通向大宅深处。古典泼墨画般的地面像水中的舞者，轻盈地跳跃、旋转、翻腾，柔软的身姿与美丽的形态，合着水在一起流动，水流到哪里，美就延伸到哪里。

第一眼望到的就是走廊尽头号称"德国国宝"的博兰斯勒古董钢琴，该品牌自问世以来就被欧洲众多国家皇室指定为收藏乐器，也是鲁宾斯坦、亚历山大·帕雷、刘诗昆、周广仁等众多钢琴大师的首选。沉淀了厚重历史的黑色钢琴沐浴着铂金色的灯光，在象牙白的廊道终点熠熠生辉。不对称的空间诠释了洛可可的特点，散发着高贵和优雅的钢琴引入了摩登的感觉。

设计师选用了20世纪最伟大的超现实主义艺术家萨尔瓦多·达利的作品"觐见忒耳普西科瑞"在廊道两侧迎接来宾：代表古典之美的青铜色舞者和代表现代力量的金色舞者；一个有着光滑柔软而充满感情的身体，另一个有着宛若雕塑般硬朗的躯干。

美学风格之二：柔美的线条

其他的走道空间也延续了这种纯白空间的基调，以各种艺术品打造空间的焦点。另外线条柔美也是洛可可风格的一大特征。墙上的雕花是洛可可风格最具代表性的自然主义装饰风格，用旋涡状曲线纹模仿舒卷纠缠的草叶，令雪白的墙面不再乏味，焕发出勃勃生机。

这种复古而又时尚的感觉与Art Deco一同奠定了整个客厅的基调。金色穹顶下的一大一小两盏灵动多变的巴卡拉水晶吊灯也是不对称的设计，增强了空间的层次感。

美学风格之三：引入古董和艺术品

雕像底座上摆设的是萨尔瓦多 · 达利最钟爱的作品之一"爱丽丝梦游仙境"，缠绕的绳子连接着爱丽丝的手臂，爱丽丝的手和头发都幻化成象征着女性魅力的芬芳玫瑰。爱丽丝混淆了现实与魔幻，在这个空间中则意味着混淆了洛可可风格的古典与摩登风格的现代，既有华丽轻快、精美纤细的18世纪古董椅子，也有现代简约风格的沙发，两者的强烈对比被有着现代造型洛可可色系的茶几融合。此外，设计师还精选了Horst P. Horst等光影大师的摄影作品，进一步增加了室内的艺术气息。

美学风格之四：颜色娇媚

洛可可风格的另一大特色就是颜色娇美，用金色及鲜艳的浅色调打造奢华的氛围，并运用当时名贵稀有的东方纹样进行装饰。奢华的主人房以轻盈的喜鹊进行装饰，坐在壁炉一侧的沙发上，你可想象一边喝着鸡尾酒，一边听着爵士歌王弗兰克·辛纳屈的《纽约，纽约》（*New York, New York*）。

鼠尾草绿的老人房跳脱了人们以往对于老人房刻板守旧的印象，充满活力但又不失稳重，仙鹤的纹样倾注了对老人最衷心的祝福。

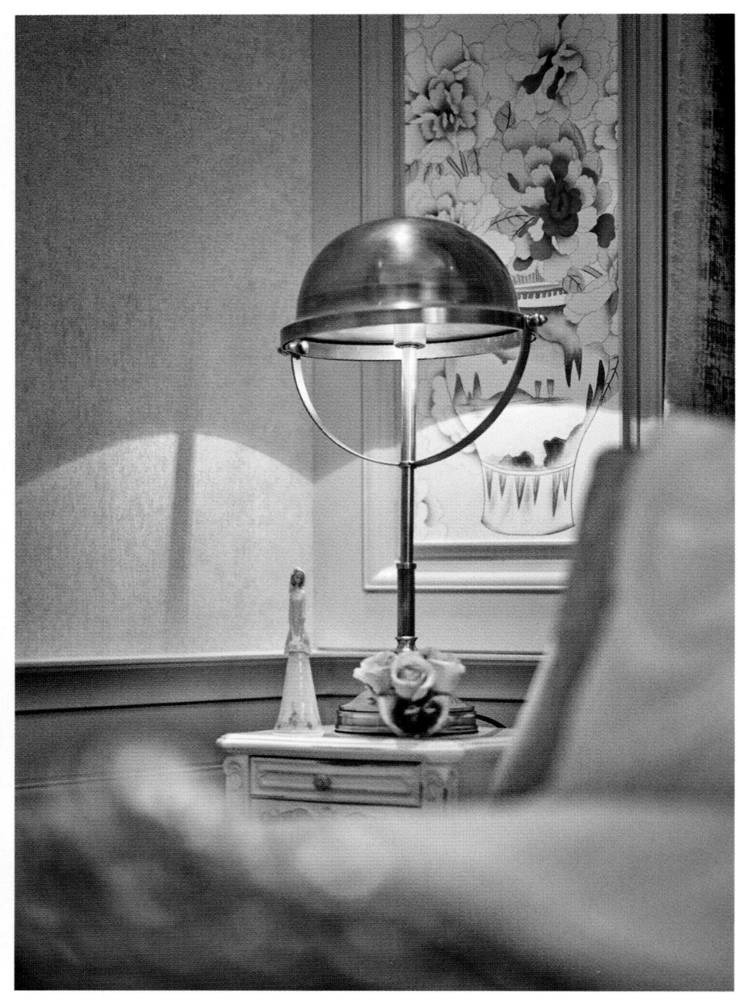

女孩房的芍药粉不仅娇嫩可爱，又有一丝贵族庄重的涵养；纯手工的Lladró瓷偶，是欧洲上流社会每一个小女孩人手必备的玩具。

这套宅邸不仅承载了住宿的功能，还是重要的社交场所。整个地下室空间就是为主人量身打造的休闲场所，以大都会Pub风格为背景，兼具酒窖、雪茄吧、台球室等功能。红色的吊顶与咖啡色和白色拼花地砖形成了强烈的视觉冲击；金色的隔断、灯饰与背景墙为空间注入奢华的气息，也是实力的象征。整个空间让人流连忘返，不可自拔。

整座宅邸融合了18世纪风靡欧洲的浓烈的宫廷气息与现代上流社会的高贵品位。优雅的弧度、精致的线条，以现代手法和材质缔造出古典神韵，这正是摩登洛可可的精髓所在。纤弱娇媚、华丽精巧，以典型的女性化艺术风格打造家的温暖。

新古典主义是一种新的复古运动，兴起于18世纪的罗马，并迅速在欧美地区扩展，影响了装饰艺术、建筑、绘画、文学、戏剧和音乐等领域。新古典主义，一方面起源于对巴洛克和洛可可艺术的反对，另一方面则是以重振古希腊、古罗马的艺术为信念（即反对华丽的装饰，尽量以俭朴的风格为主）。新古典主义的艺术家刻意在风格与题材上模仿古代艺术，并且知晓所模仿的内容是什么。其特征是选择严肃的题材；注重塑造性与完整性；强调理性而忽略感性；强调素描而忽视色彩。

新古典主义是在古典美学规范下，以简化手法，采用现代先进的工艺技术和新材质，重新诠释传统文化的精神内涵，具有端庄、雅致及明显的时代特征。在建筑方面，杰斐逊设计的维吉尼亚大学校园和法国的苏弗洛所建的“巴黎万神庙”（先贤祠）是最著名的建筑之一。建筑风格庄重精美，以古典建筑的传统构图为特色，比例工整严谨，造型简洁轻快，运用传统美学法则使现代的材料和结构产生端庄、典雅的美感，以神似代替形似。

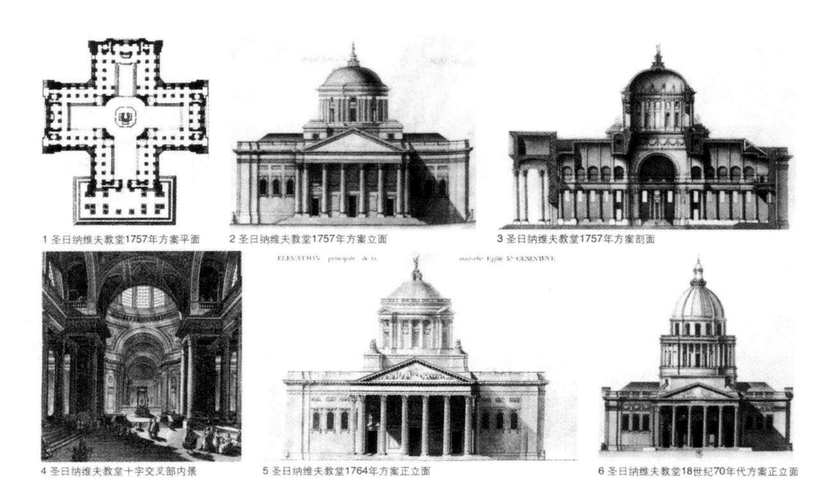

巴黎万神庙建造于法国1789年大革命前后，建筑将罗马风格和希腊风格混合使用，无论是平面布局还是立面风格，都具有强烈的希腊风格特征。它的重要成就之一是结构空前的轻、墙薄、柱子细。穹顶是泥的，内径20米，中央有圆洞，可以见到第二层上画的粉彩画。穹顶顶端采光亭的最高点高83米。巴黎万神庙西面柱廊有六根19米高的柱子，上面顶戴着山花，下面没有基座层，只有十一步台阶。它直接采用古罗马庙宇正面的构图。

风格特征：

1.“形散神聚”是新古典的主要特点。在注重装饰效果的同时，用现代的手法和材质还原古典气质，新古典具备了古典与现代的双重审美效果，两者的结合也让人们在享受物质文明的同时得到了精神上的慰藉。

2.讲求风格，在造型设计上不是仿古，也不是复古，而是追求神似。

3.用简化的手法、现代的材料和加工技术去追求传统式样的大致轮廓特点。

4.注重装饰效果，用室内陈设品来增强历史文化特色，往往会照搬古典设施、家具及陈设品来烘托室内环境气氛。

5.白色、金色、黄色、暗红色是欧式风格中常见的主色调，少量白色糅合，使色彩看起来更明亮。

新古典主义的室内设计去芜存菁，保留了路易十四风格的线条，去除了线条上过多的繁杂装饰；保留了细节，却又不让过多的细节堆砌以至于失去重点；保留了镶花刻金，却又不是满眼金晃晃的让人眼拙。这种保留了材质、色彩、风格，摒弃了过于复杂的线条、装饰、肌理，却没有丢失性格，仍然可以强烈感受到传统的历史痕迹和浑厚的文化底蕴，便是完美折衷主义的新古典主义风格。

新古典主义的精华：高雅的底蕴、开放的姿态、尊贵的精细。

新古典主义的特点：女性感的线条、金银暗调的色彩、低调奢华的细节。

新古典主义的好处：可浓可淡，色泽上多用金色和暗红就浓，稍加白色柔和则明亮而淡；加以洛可可的配饰或巴洛克的优化，便尊贵雍容；配上现代化的皮制品，或间接的床头灯，便优雅非凡。这种多元化和可伸缩性，便是新古典主义后工业时代个性化的独特之处。

亚当风格，新古典主义“亚当风格”出自建筑师罗伯特·亚当的室内装饰风格，他偏爱路易十五世时期的柔和色彩，擅长使用粉红色和淡蓝色。这座宫廷式宅邸具有鲜明的亚当风格，精美的圆柱设计、繁复的浮雕纹样，处处散发着古典神韵。作为2015年春夏主打色，海蓝色的墙面和天花板底色带来轻盈的梦幻效果，搭配暗粉色浮雕图案和布艺窗帘，让整个客厅笼罩在一种文雅、惬意的氛围里。珊瑚红沙发与边几是室内唯一的鲜艳色彩，结合另一侧的霍纳瓦黄色沙发和地毯，以及墙边的两个金色边桌，营造出优雅舒适的古典客厅空间。

锦色春秋

项目名称：万科观承别墅
设 计 师：潘及（Eva Pan）
项目面积：700平方米
主要材料：橡木饰面、灰色大理石、古铜色金属饰面、米灰壁纸

新古典风格起源于法国，既保留了古典主义典雅端庄的气韵，又因反对洛可可的矫饰而对传统进行了改良简化，呈现出蔚为大观的风范。针对本案地上三层、地下两层，总面积700多平方米的体量，以及产品的定位与自身的价值，别墅的设计被顺理成章地定义成了法式大宅。

运用大面积木饰面装饰线条，以及简化了的却有着精致细节的装饰元素，IADC涞澳设计成功塑造了空间典雅的品质之感。相对于白色的肤浅，高级的灰调如灰色的地毯、墙面、饰板、布艺等更容易营造高品质的空间氛围，而在灰色与木色之中，一抹动感的橙色则令整个空间一下子生动起来。设计总监潘及对于细节的把控堪称极致，哪怕是卧室地毯上梅花、动物等图案的露出位置与地面、墙面石材肌理相呼应，走道水晶吊灯映衬于天花处的花纹，她都亲历亲为，一丝不苟。

首层182.8平方米的空间是家庭的公共区域，一切都围绕着公共核心区的客厅展开，包括由独立的中厨区域、惬意的西厨（下午茶）区域、挑空开放的用餐区域组成的餐厨空间。

首层的空间布局采用对称的格局，意在体现大宅的风范。以客厅视觉端头的英国手工古典壁炉为中心点，结合立面带有东方风格的建筑手绘壁纸，体现欧式古典与东方情怀的融合，将空间从单纯的装饰上升到文化艺术的层次，既没有降低法式情调的主旨，更体现了法国当年崇尚东方元素的潮流。为呼应软装饰中的新古典家具，设计师搭配了一些欧洲古典的家具，不仅有别于同类住宅的风格定位，也体现了业主的艺术文化品位。

客厅背墙上精心挑选的装饰画，并非简单的摄影作品，而是精心挑选的欧洲古典建筑精华，专门委托他人绘制，与空间陈设相得益彰。华丽的水晶吊灯，不仅增添了空间的装饰感，更提示了各个空间高敞的格局，拉升了空间在视觉上的纵深感。

餐厨空间三段式的格局设计是本案的一个出彩之处。隔出的三进空间，各司其职，既满足了生活所需，又充分地利用了空间，一举多得。穿过餐厅与客厅的出口，正是面积达87平方米的别墅后花园，花园带有水景及休闲区域，还专门配备了户外烧烤区域，不仅满足了业主日常的家庭活动，更可用于聚会。在餐厅出口处的天井区域，设计师增加了一个纵向的空间通道，可通过户外的楼梯通道到达地下两层的下沉庭院。

二层区域有105.19平方米，以人物设定的故事为主线，定义了家庭各成员的私人空间，分别为老人房、女孩房及男孩房。整层的布局都为空间的使用者安置了衣帽间及相应的设施，完全满足了日常的生活起居。为凸显对老人

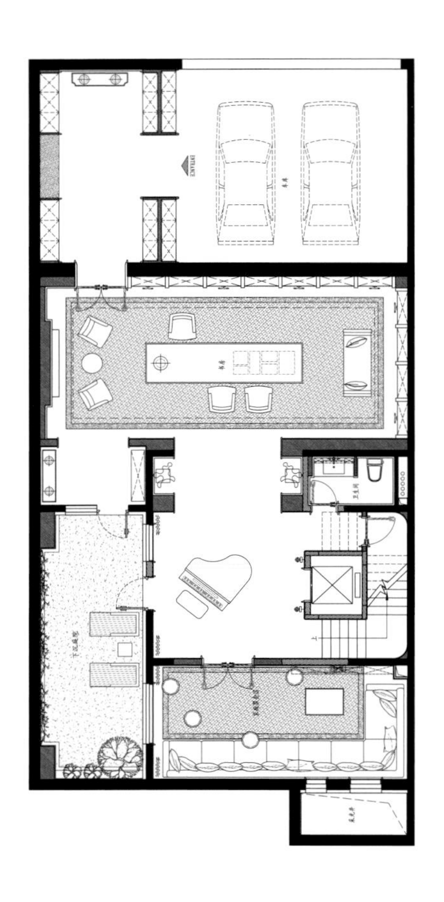

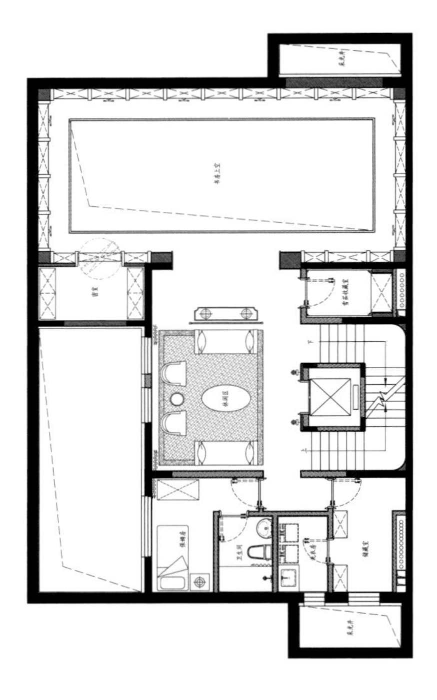

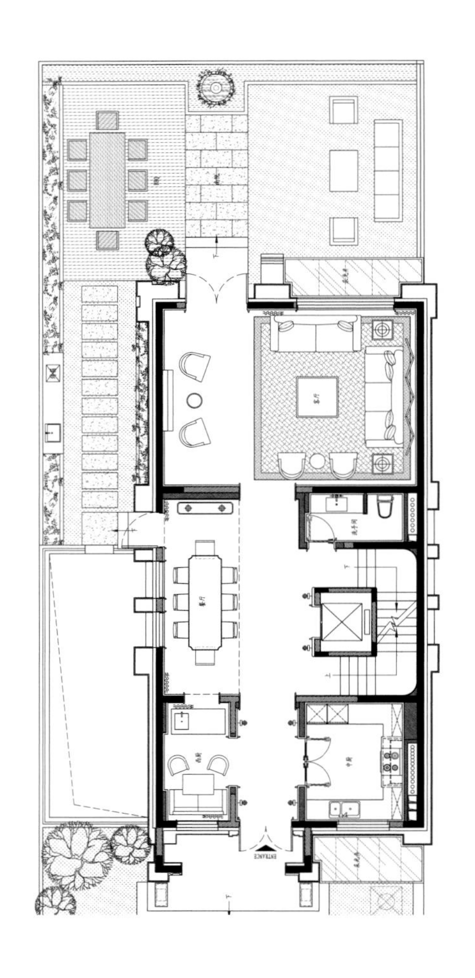

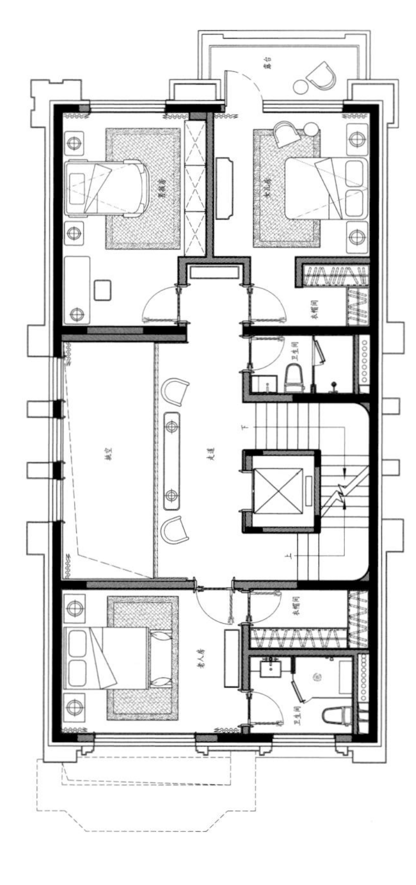

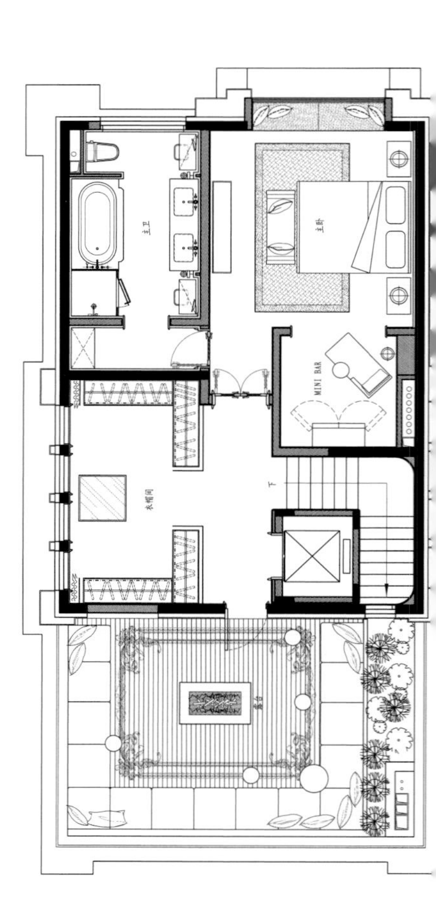

的关怀，老人的卧室设定为套房的格局，拥有独立衣帽间及卫生间，令日常起居更加便捷。女孩房延续了空间灰色配橙色的主调，却增强了装饰的细节，提升了少女所需的唯美度。男孩房更是大胆地融入了许多黑色的细节，以彰显少年青春期的叛逆，书桌区域神来一笔地将少年刻画成一个摄影爱好者，为所有的器材设置了摆放的位置，并合理布局工作区，背墙上更是装饰了一片装饰板架，用于展示男孩拍摄或欣赏的摄影作品。所有的软装搭配均符合使用者特定的人物设定，突出人物的年龄、性格和爱好，加强了空间的装饰个性。

三层空间共计99.14平方米，为主卧及配套的独立私人空间。24平方米的卧室、12平方米的卫生间以及23平方米开敞通透的衣帽间中，依然运用了统一的装饰手法，突出新古典风格的装饰元素以及固有的庄重与品质。

整个卧室泛着蓝宝石光泽的灰色，显得尤为奢华，床沿背板包裹的灰色丝绒更是尽显法式的矜贵。除了软装饰品，主卧还考虑到主人的便捷和需求，增加了一处家庭迷你吧（Mini Bar）的功能区，提升了空间的使用品质，同时也能服务到北侧36平方米的私有露台。卫生间的布局同样使用对称布局的手法，体现空间整齐流畅的使用动线，双台盆、双梳理台呼应了独立浴缸、淋浴区及马桶间，主卫出入的廊道更是设置了收纳区。露台以围合形式布置，中心区域安置了火炉，为露台平添了一种惬意感。户外地面的木地板，选用了具有手工描绘欧式纹样的材料，别具一格。独立通透的衣帽间有两个金属框架的玻璃大橱，犹如时装品牌的旗舰店铺，该设计以建筑窗做参照，形成对称布局的高柜衣帽收纳区域及中心首饰收纳柜，体现了主人的生活品质，展现出衣帽间奢华的一面。

地下一层为137.63平方米，设有雪茄吧及贯穿地下二层的挑空书房空间，同时也安置了别墅的储藏空间和保姆房。通过雪茄吧进入挑空的书房，这里巧妙地融入了图书馆的畅想，两层高的开敞书柜，中间以钢结构的走道上下分隔，沿走道移动可欣赏不同角度的空间。错落有致的书柜与装饰画的"书柜"穿插设置，让人有着"原来如此"的欣喜。书柜的东侧设计了一个机关，推动书柜，内部便是一处暗室，可作为主人私人的收藏区域。

地下二层共有183.62平方米，除了挑空的书房，还有家庭娱乐室及相应的服务空间。书房空间的软装饰品及家具突出了男主人的性格，皮质的沙发、独具质感的风化木书桌，开敞大气的书房即刻呈现于面前。书房的东侧端头与客厅采用同样的设计手法，设置了一座手工壁炉。壁炉北侧为下沉的庭院，可通过庭院的楼梯到达一层户外空间，南侧通往车库。设计师在车库与入户的中间区域安置了一处廊道，以收纳功能为主，形成了入户的玄关。

现代风格诠释上海的世界主义

项目名称：上海旭辉铂悦·滨江C户型别墅

软装设计：LSDCASA事业一部

“真正的艺术必须体现时代精神，超前并不意味着对虚幻理想的趋骛，实验也不等于盲目实践。而挑战陈规，勇于探险，实现对现实存在的超越，引领变革的新风，则是真正的艺术应有的品格。”

上海旭辉铂悦·滨江，坐落于陆家嘴腹心，是旭辉集团巅峰住宅作品，软装设计委托负有盛名的LSDCASA打造奢享级超级体验豪宅。LSDCASA传承上海独特的海派文化，设计中没有追随上海民国时期典型的Art Deco样式，而是延续上海最虔诚的怀旧和最大化的创新，以现代风格融合新古典主义来诠释上海的世界主义。

软装设计延续建筑及室内的新古典风格，以此为基础环境，续写丰沛的美学力量空间，设计抛开一切形式和标签的表象，以匹配财富阶层应有的生活方式，让单一的权力、财富的显性诉求，过渡到生活中对伦理、礼序、欢愉、温暖的需要，呈现生活空间中细微的感动。

冷静的黑、睿智的卡其、明快的爱马仕橙和内敛的云杉绿，共同诠释现代主义的色彩美学。家具样式摒弃浮华与繁琐，木作与金属互为搭配，洗练的线条、纤巧精美的样式，让空间中流淌着暖怡的情调和闲适的生活气息，将生活形态和美学意识转化成一种无声却可感知的设计语言。

这套670平方米的府邸共有六层，空间的每一层都有自己独特的功能和对应的趣味和隐喻。

一层是客厅与餐厅，色彩是这里最大的礼赞，设计师以沉稳大气的咖啡色为色彩基调，搭配冷艳的云杉绿、璀璨的金色和黑白经典色，从天花到四周，从家具到靠垫，从饰品到绿植，无不展现了待客空间的华贵。有力量感的进口品牌Promemoria沙发、Minotti大理石茶几和设计师原创品牌再造家具巧妙并置，在比例、情绪和故事间平衡出了无限的舒适，链接起了空间的艺术性。

餐厅以沉着的卡其色为主色调，搭配黑白餐具，点缀精致花艺。餐厅旁特别设置休息厅，兼融了大户宴客排场和文人精神，让这座中西交流的空间层次起伏，糅合出平衡典雅的用餐氛围。

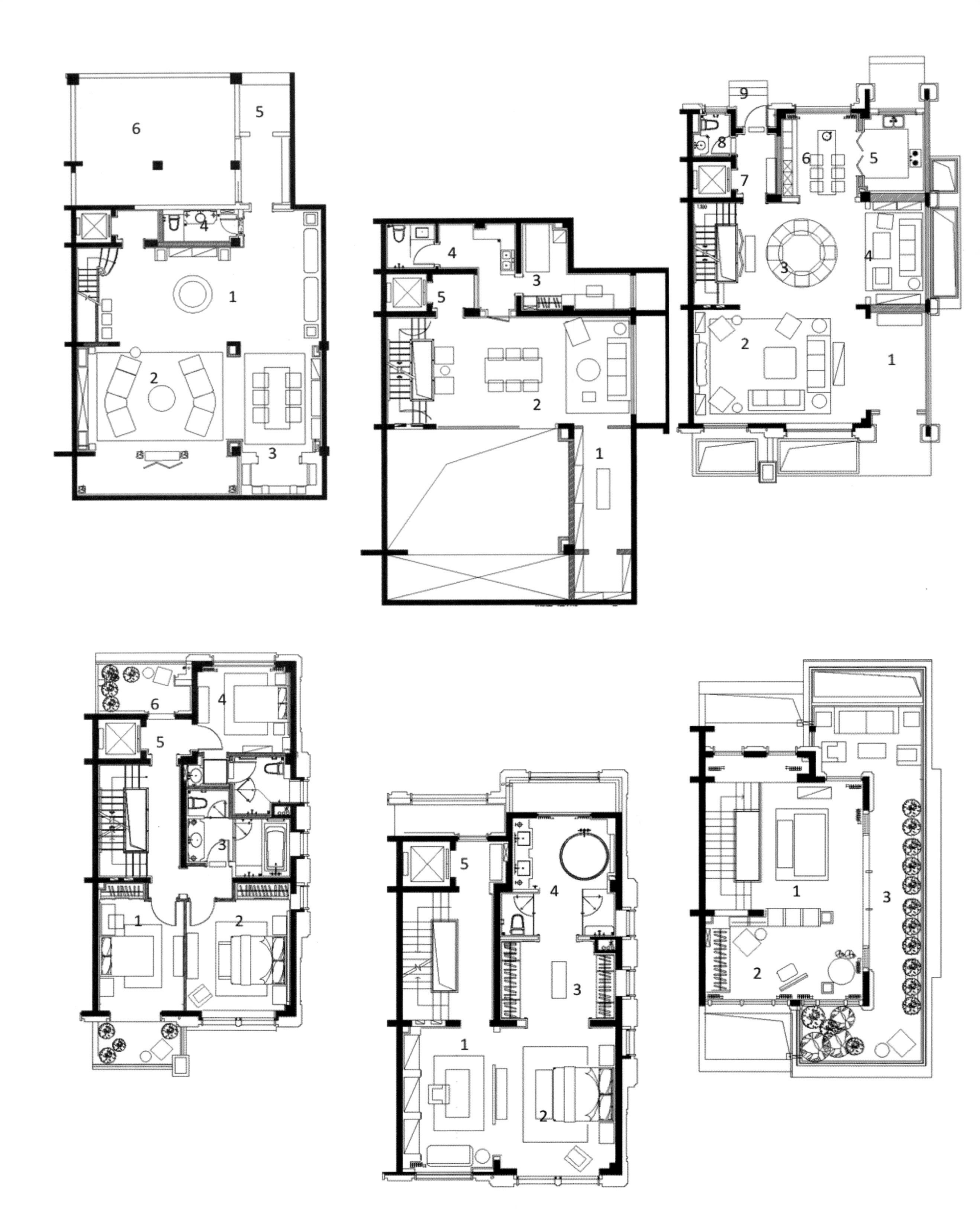

6
5
4
1
2
3
4
3
5
2
1
9
8
6
5
7
3
4
2
1
4
6
5
3
1
2
5
4
3
1
2
1
3
2

走上二层，可以看到一个个色彩平衡、层次丰富的卧室空间。米色和咖啡色系是这里最经典的色彩基调。在这个基调上，设计师融入不同层次的橙色和蓝色，轻快、沉稳，为不同的主人营造韵味十足的私密空间。

三层是主卧，以沉稳的灰色和黑色为主色调。设计师原创的床榻与休闲椅，搭配几何纹地毯，简洁有力的设计语言，巧妙地构建了一个独具张力的舒适空间。书房里，各种藏品和摆件彰显格调，通过从细节到整体的微妙处理，男主人温文尔雅的外表之下，对品质生活的追求得到了完美的体现。

地下一层作为主人娱乐和休闲的区域，是男主人的雪茄室。该空间强调自由交流，亦是男主人安放一切纷扰的静谧之地。设计以沉稳的咖啡色为主色调，来自世界各地的顶级家具在这里搭配融合，独具风格。

地下二层是家庭室和收藏室，酒红色的真皮餐椅，黑色大理石桌台，极具艺术魅力的摆件，造型简约的建筑画，让空间生生不息的生命力有了最具象的演绎。

顶层是女主人的花房和孩子们的画室，设计追求素雅自然之美。家具的选择上，强调自然材料的运用以及精致的细节把握，以生活为内容，营造“花怡境幽，禅意自得”的生活情境。

纵观整套宅邸，更像是具备魅力和非凡感官的艺术臻品，时光就此凝练成艺术，生活由此完美升华。

现代欧式又称简欧，其实是经过改良的古典欧式主义风格。欧洲文化丰富的艺术底蕴，开放、创新的设计思想及其尊贵的姿容，一直以来颇受众人喜爱与追求。简欧风格从繁杂到简单、从整体到局部，其精雕细琢、镶花刻金都给人一丝不苟的印象。一方面保留了比例、材质、色彩的大致风格，仍然可以很强烈地感受到传统的历史痕迹与浓厚的文化底蕴，另一方面又摒弃了过于复杂的肌理和装饰，简化了线条。简欧是对欧式风格的现代演绎，适用于高效快节奏的现代生活，实用易打理，而且不挑户型大小，搭配更为自由随心，具有一定的休闲氛围，可装饰出小资情调，因而受到越来越多人的喜爱。地中海风格、乡村田园风、北欧风格都可以看作是简欧的典型代表。

简欧在硬装修上对欧式比例的要求与古典欧式是相称的，选择带有西方复古图案以及非常西化的造型的图案家具，可与大的氛围和基调相和谐。墙面装饰材料的色彩和图形可以更个性化，另外，条纹和碎花也是很常见的。

灯具可以选择一些外形线条柔和或者光线柔和的灯，如铁艺枝灯是不错的选择，既有一点造型，又有一点朴拙。

简欧风格虽然在硬装上简化装饰，但不妨碍在空间中搭配一些装饰华丽或比较厚重的装饰画框、镜框等，也不排斥描金、雕花，反而具有聚焦的作用，将这些饰品变成空间的点睛品。

简欧风格装修的底色大多以白色等淡色为主，家具则是白色或深色都可以，但是要成系列，风格统一。同时，布艺的面料和质感也很重要，越是简化的空间，对细节的要求越苛刻，这样才能展现空间不凡的品位，比如丝质面料是会显得比较高贵的。

时代的意志

项目名称：国信世纪海景园
设 计 师：潘及（Eva Pan）
项目面积：310平方米
主要材料：浅木饰面、灰色大理石、古铜色金属饰面

国信世纪海景园是小陆家嘴地区黄浦江畔的一线江景项目，称得上是陆家嘴地区的标志性建筑，也是现代上海的建筑缩影。然而，当IADC涞澳设计接受委托负责软装设计时，设计总监潘及感觉非常棘手，原来由于硬装部分没有充分考虑项目所处的黄浦江黄金景观位置，让景观大打折扣。经过多次沟通，IADC涞澳设计用设计的诚意打动了委托方，在合理预算的前提下，大刀阔斧地对空间进行了调整，最大限度地拯救了空间。

IADC涞澳设计试图从项目自身的特点——独特的地理位置优势，寻找设计的灵感，试图构建一个既充满现代时尚感又具有上海特有文化气息的作品。因此，设计师将这套四室两厅的样板房设计风格，定位为新古典风格。

"空间的亮点必定是黄浦江的无敌江景。"潘及强调，为了引入江景，并使其成为室内装饰的一部分，"我们毅然决定将原本受局限与遮挡的室内阳台，改为全落地窗的形式。另外从入口到窗台的距离，我们力图打开整个玄关的视野，不做更多的遮挡，你可以通过客厅直接看到江景。此外，我们采取将客厅与阳台结合起来整体考虑的思路，让客厅的中心点尽可能地更靠近江景。"由于客厅原本的层高有限，会让人有压抑的感觉，设计师在天花上设置了大幅面的几何镜面，最大限度地拓展了

视觉的边界，使空间看上去更高。

为了凸显魔力之都的生活形式，设计师为整个项目赋予了艺术气质与人文情怀的特质。因此，整个房间以米灰色与金色为主色调，搭配神秘的孔雀蓝，形成新锐、前卫、时尚的面貌。华丽的金色点缀，提升了房间的奢华之感，而孔雀蓝则令空间在色彩上更具层次。“孔雀蓝的使用非常大胆，凸显了我们对于项目所在地域气质的独特理解，用它讲述上海的多元文化背景似乎再合适不过。”

此外，设计师还利用雅致金大理石的天然纹理，拼合出对称感极强的拼花来装饰墙面。为了渲染室内空间的矜贵气质，IADC涞澳设计运用了Art Deco与现代风格相互融合手法来构建整个空间设计的主基调，尤其是浮雕感的定制外滩江景背景墙，成为整个房间的亮点，黄浦江边的建筑天际线被延伸至室内，室内与室外遥相呼应融为一体，这座城市整体的形象被浓缩成了焦点。

IADC涞澳设计特意定制了施华洛世奇无骨架水晶吊灯，来彰显空间的尊贵气质。钻石造型的灯饰构件，巧妙地与整体硬座结合，既增强了空间视觉的通透感，又显露出属于这个时代精英阶层的独特品位与气质。这一点睛之笔，将江

景引入室内的同时，景致与整体空间内家具的造型也互相协调。

在空间取材上，设计师选用了珍贵的丝绒、特殊的皮革，来搭配铜所独具的质感，赋予整个空间沉稳、内敛的特质。居室内的每一件摆设都是由IADC涞澳设计用心挑选，装饰物细腻的质感，传达出上海特有的精致品位。

“空间与人是一种交流互动的关系和存在，室内设计决不能剥离了环境而独自存在，因此，当我们把整个作品完成时，一切都似乎是水到渠成的——一个独特的个性空间就此诞生，它不仅是设计的产物，也是这个时代意志的体现。”

端重对称的法式华宅，溢满田园的自然之美

项目名称：重庆茶园法式别墅
设计公司：矩阵纵横
主创设计：王冠、刘建辉、王兆宝
项目面积：383平方米
主要材料：白色手扫漆、艺术墙布、玉芙蓉大理石、水刀拼花石材、实木地板、玫瑰金不锈钢、手绘墙布、手工地毯

重庆茶园法式别墅在布局上突出了轴线的对称。恢宏的气势和高贵典雅的空间，在细节处理上运用了法式廊柱、雕花、线条，制作工艺精细考究。法式风格讲究自然，艺术墙布、玉芙蓉大理石、玫瑰金不锈钢的运用使色彩与内在产生了联系，设计师追求的不是简简单单的协调而是冲突之美。在设计上讲求心灵的自然回归感，给人一种扑面而来的浓郁气息，开放式的空间结构、随处可见的花卉和绿色植物、雕刻精细的家具……所有的一切从整体上营造出一种田园之气，在任何一个角落，都能体会到主人悠然自得、阳光般明媚的心情。

北欧风格

北欧一般特指挪威、瑞典、芬兰、丹麦和冰岛5个国家。由于地处北极圈附近，气候非常寒冷，所以北欧人在进行室内装修时大量使用了隔热性能好的木材。北欧风格更接近于现代风格，原因在于它的简练非常适合现代年轻人的单身公寓或小家庭使用。

风格特征：

1. 以自然简洁为原则，整体空间为浅色基调。
2. 常用枫木、橡木、云杉、松木和白桦等原木制作家具。
3. 少量点缀金属及玻璃材质。
4. 多彩的地毯、靠背、抱枕。

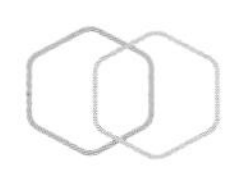

田园风格

田园风格是指通过装饰装修表现出田园的气息，不过这里的田园并非农村的田园，而是一种贴近自然和向往自然的风格。田园风格倡导"回归自然"，美学上推崇"自然美"，认为只有崇尚自然、结合自然，才能在当今高科技快节奏的社会生活中获取生理和心理的平衡。因此，田园风格力求表现悠闲、舒畅、自然的田园生活情趣。在田园风格里，粗糙和破损是允许的，因为只有这样才更接近自然。欧式田园风格，设计上讲求心灵的自然回归感，给人一种扑面而来的浓郁田园气息。把一些精细的后期配饰融入设计风格之中，充分体现设计师和业主所追求的安逸、舒适的生活氛围。田园风格客厅大量使用碎花图案的各种布艺和挂饰，欧式家具华丽的轮廓与精美的吊灯相得益彰。墙壁上也并不空寂，壁画和装饰花瓶都使它增色不少。鲜花和绿色植物也是很好的点缀。欧式田园风格大致可分为英式田园风格和法式田园风格等。

英式田园风格

"世界大同的理想生活，就是住在英国的乡村，屋子里装着美国的水电煤气管子，请个中国厨子，娶个日本太太，再找个法国情人。"林语堂的这一高论指出，英国田园式的居住环境是让人们充满了罗曼蒂克向往的生活。

英式田园风格的家具特点主要在于华美的布艺以及纯手工的制作，布面花色秀丽，多以纷繁的花卉图案为主。碎花、条纹、苏格兰图案是英式田园风格家具的永恒的主调。家具材质多使用松木、椿木，制作与雕刻为纯手工的，十分讲究。英式田园家具多以奶白、象牙白等白色为主，高档的桦木、楸木等做框架，优雅的造型、细致的线条和高档油漆处理，都使每一件产品像优雅成熟的中年女子般含蓄温婉内敛而不张扬，散发着从容淡雅的生活气息，又有宛若十八岁姑娘清纯脱俗的气质，无不让人心潮澎湃，浮想联翩。

法式田园风格

数百年来经久不衰的葡萄酒文化，自给自足、自产自销的法国后农业时代的现代农庄对法式田园风格影响深远。法国人轻松惬意、与世无争的生活方式使得法式田园风格具有悠闲、小资、舒适、简单和生活气息浓郁的特点。

法式田园比美式田园少了一点粗犷，比英式田园少了一点厚重和浓烈，但多了一点大自然的清新，再多一点普罗旺斯的浪漫。

法式田园风格特点：

1. 居室的空间结构呈开放式。
2. 采用对称式的造型设计。
3. 淡雅的背景色彩中，运用雕花线板与图案装饰空间，发掘华丽、细致的风采。曲线的运用使得整体感觉优雅。
4. 壁面装饰以对称排列的图案，搭配罗马窗幔。
5. 最明显的特征是家具的洗白处理及配色上的大胆鲜艳。洗白处理使家具流露出古典家具的隽永质感，而椅脚被简化的卷曲弧线及精美的纹饰也是优雅生活的体现。
6. 多用木料、织物、石材、藤、竹等天然材料，体现田园的清新淡雅。采用壁纸、仿古砖、布艺沙发、实木地板等，营造出一种田园氛围。
7. 在装修中比较重要的是色彩确定，这关系到会不会出现审美疲劳。黄色、红色、蓝色等色彩搭配，反映出丰沃、富足的大地景象。

项目名称：长寿金科阳光小镇，设计公司：AOD设计

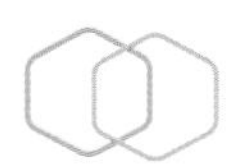

地中海风格

文化特征

地中海，西方古文明的发源地之一，不仅是重要的贸易中心，更是希腊、罗马、波斯古文明、基督教文明的摇篮。地中海绵延2千英里，拥有17个沿岸国家。地中海区域物产丰饶、长海岸线、建筑风格的多样化、日照强烈形成的风土人文，这些因素使得地中海具有自由奔放、色彩多样的特点。

设计公司：琳达建筑师事务所

设计公司：Richard+Landry建筑师事务所

风格特点

地中海风格是最富有人文精神和艺术气质的装修风格之一。它通过空间设计上的连续拱门、马蹄形窗等来体现空间的通透，用栈桥状露台、开放式空间功能分区体现开放性，通过一系列开放性和通透性的建筑装饰语言来表达地中海风格的自由精神内涵。同时，它通过取材天然的材料方案，来体现向往自然、亲近自然、感受自然的生活情趣，进而体现地中海风格的自然思想内涵。白墙的不经意涂抹与修整的结果也形成一种特殊的不规则表面，粗犷而极具质感，仿佛海风吹拂形成的质朴表面。地中海风格还通过以海洋般的蔚蓝色为色彩基调，自然光线的巧妙运用，富有流线及梦幻色彩的线条等软装来表述其浪漫情怀。地中海风格装修在家具设计上大量采用宽松、舒适的家具来体现地中海风格装修的休闲体验。因此，自由、自然、浪漫、休闲是地中海风格装修的精髓。

色彩组合

地中海风格对中国城市家居的最大魅力，来自其纯美的色彩组合。典型的颜色搭配有：

西班牙蔚蓝色的海岸与白色沙滩。

希腊的白色村庄与沙滩、碧海、蓝天连成一片。

北非特有的沙漠、岩石、泥、沙等天然景观颜色，如土黄色、红褐色。

此外，还有意大利南部向日葵花田在阳光下闪烁的金黄、法国南部薰衣草的蓝紫色、历史悠久的古建筑、土黄色与红褐色交织而成的强烈民族性色彩。

地中海风格的基础是明亮、大胆、色彩丰富、简单、民族性、有明显特色。重现地中海风格不需要太多的技巧，而是保持简单的意念，捕捉光线，取材大自然，大胆而自由的运用色彩、样式。

不修边幅的线条也是地中海建筑特色之一。

家居装饰

在家具选配上，一般选用比较低矮的家具，让视线更加开阔，同时家具的线条以柔和为主，可能用一些圆形或椭圆形的木制家具，与整个环境浑然一体。而窗帘、沙发套等布艺品，多选择粗棉布，让整个家显得更加的古味十足，此外在布艺的图案上，最好是选择一些素雅的图案，如果有一些海洋、航海、热带植物等元素，会更为呼应海洋主题。并且家具通过擦漆做旧的处理方式，搭配贝壳、鹅卵石等，表现出自然清新的生活氛围。

在材质上，一般选用自然的原木、天然的石材等，营造浪漫感与自然感。马赛克、小石子、瓷砖、贝类、玻璃片、玻璃珠等营造出可爱童真的感觉。爬藤类植物是常见的居家植物，小巧可爱的绿色盆栽也常用。

窗帘、桌巾、沙发套、灯罩等均以低彩度色调和棉织品为主。多用小细花条纹格子图案。

少量选用锻制铁艺家具、灯具及饰品，如栏杆、植物挂篮等。

装饰时还可放置一些红瓦和窑制品，带出一种时间打磨过的古朴味道，让岁月也仿佛在这里放慢了脚步。

放飞航海梦想

项目名称：绍兴金地自在城C4户型
设计公司：IADC涞澳设计
设 计 师：潘及（Eva Pan）
项目面积：205平方米
主要材料：防水乳胶漆、STUCCO、木饰面、哑光漆、大理石、仿古砖、花砖、拼花、防腐木地板、马赛克、墙纸、铁艺栏杆、铜饰面

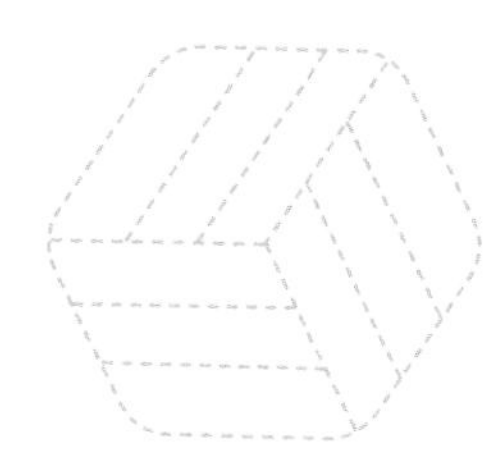

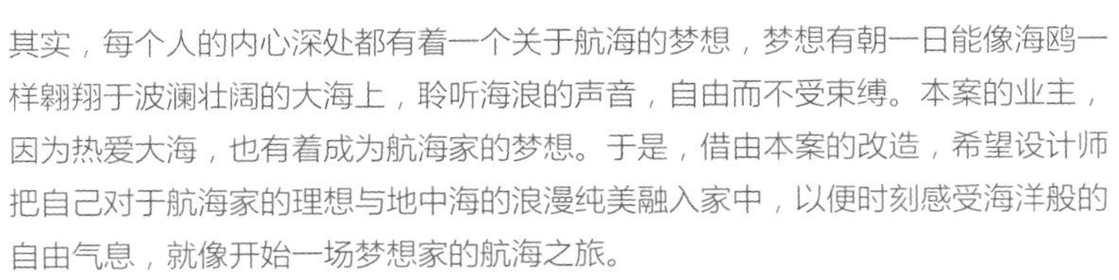

其实，每个人的内心深处都有着一个关于航海的梦想，梦想有朝一日能像海鸥一样翱翔于波澜壮阔的大海上，聆听海浪的声音，自由而不受束缚。本案的业主，因为热爱大海，也有着成为航海家的梦想。于是，借由本案的改造，希望设计师把自己对于航海家的理想与地中海的浪漫纯美融入家中，以便时刻感受海洋般的自由气息，就像开始一场梦想家的航海之旅。

对于地中海风格，设计师深谙其最鲜明也最典型的装饰元素当数蓝与白的颜色组合。因此，以纯净的白色搭配海洋风格的蓝色装点本案。不难想象，白色的村庄与蓝天碧海、阳光沙滩融为一体，延伸至同为蓝与白配色的门框、窗户、椅面，加上贝壳饰品、马赛克拼贴、精美铁艺、金银铁的金属器皿与之辉映，力求每个细节都洋溢出清新的海洋风情，明媚清澈，可谓将蓝与白不同程度的对比与组合发挥到了极致，亦塑造出弥漫着海洋味道的自然而纯粹的甜美居家空间。

而对于居室内的区域布局则因各种专属于地中海风格的元素而变得分外动人。首先，拱门与铁艺作为地中海建筑的经典元素，被用作厨房、餐厅、客厅以及书房之间的隔断，连带半穿凿或全穿凿式的室内景中窗一起，粉饰出极富穿透力与流动性的视觉空间，自由开阔的同时更增添了居住的趣味。再是将地中海式壁炉安置于客厅，时尚且具有装饰感，使得客厅尤为吸引注意。最后，青花瓷挂盘的加入，流露出古韵淳朴的风味，完美地契合了整体的设计风格。

家庭室内大提琴一架、书籍数本、饰品少量奠定了其温暖馨香的艺术人文气息。变幻莫测的大海潮音，唤醒了航海家的音乐细胞，变身为大提琴手，以悠扬的音乐描摹大海的景致与神韵，形成奇妙的律动。

卧室何其浪漫，以帆船为主题的挂画修饰墙体，加上床幔与床品，白的高雅，蓝的深邃，如同蓝天白云、碧海银沙尽在其中，散发出迷人的阳光气息。

美式风格

美式风格，顾名思义是来自于美国的装修和装饰风格，是殖民地风格中最著名的代表风格，某种意义上已经成了殖民地风格的代名词。美国是个移民国家，欧洲各国各民族人民来到美洲殖民地，把各民族各地区的装饰装修和家具风格都带到了美国，同时由于美国地大物博，极大地放开了移民们对尺寸的欲望，使得美式风格以宽大、舒适、杂糅等特点而著称。

美国是一个崇尚自由的国家，这也造就了其自在、随意不羁的生活方式，没有太多造作的修饰与约束，不经意中也成就了另外一种休闲式的浪漫。而美国的文化又是以移植文化为主导，它有着欧罗巴的奢侈与贵气，但又结合了美洲大陆这块水土的不羁，这样结合的结果是剔除了许多羁绊，但又能找寻文化根基的新，是一种怀旧、贵气、大气而又不失自在与随意的风格。

美式家居风格的这些元素也正好迎合了时下的文化资产者对生活方式的需求，即有文化感、贵气感，还不缺乏自在感与情调感。美式家居自由随意、简洁怀旧、实用舒适，在色调上主要采用暗棕、土黄等自然色彩。

空间特色

美式风格中的客厅作为待客区域，一般要求简洁明快，同时装修较其他空间要更明快光鲜，通常使用大量的石材和木饰面装饰。美国人喜欢有历史感的东西，这不仅反映在软装摆件上对仿古艺术品的喜爱，同时也反映在装修上对各种仿古墙砖、地砖、石材的偏爱和对各种仿旧工艺的追求上。

美式厨房一般是敞开式的（受其饮食烹饪习惯），同时在厨房一隅需要有一个餐边柜和一个便餐台，还要具备功能强大又简单耐用的厨具设备，如水槽下的残渣粉碎机、烤箱等，需要有容纳双开门冰箱的宽敞位置和足够的操作台面。在装饰上也有很多讲究，如喜欢仿古的墙砖、橱具门板，喜欢用实木门扇或白色模压门扇仿木纹色。另外，厨房的窗户也喜欢配置窗帘等。

美式家居的卧室布置较为温馨，作为主人的私密空间，主要以功能性和舒适性为考虑的重点，一般的卧室不设顶灯，多用温馨柔软的成套布艺来装点，同时在软装和用色上非常统一。现代美式多用非炫目灯光，且尽量做到只见光不见灯的效果。

美式家居的书房简单实用，但软装颇为丰富，各种象征主人过去生活经历的陈设一应俱全，被翻卷边的古旧书籍、颜色发黄的航海地图、乡村风景的油画、一支鹅毛笔……即使是装饰品，这些东西也足以为书房的美式风格加分。

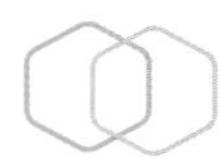

家具选择

美式家具中常见的是新古典风格的家具。这种风格的家具，设计重点是强调优雅的雕刻和舒适的设计。在保留古典家具的色泽和质感的同时，又注意适应现代生活空间。在这些家具上，可以看到华丽的枫木滚边，枫木或胡桃木的镶嵌线，纽扣般的把手以及模仿动物形状的家具脚腿造型等。

美式家具相较意式和法式家具来说，风格要粗犷一些。不但表现在用料上，还表现在它给人的整体感觉上。在一些美式古典风格家具上，涂饰往往采取做旧处理，即在油漆几遍后，用锐器在家具表面上形成坑坑点点，再在上面进行涂饰，最高达12遍。

优雅高贵：穿越时光的迤逦梦想

项目名称：比华利山庄
设计公司：SCD（香港）郑树芬设计事务所
主创设计：郑树芬（Simon Chong）、杜恒（Amy Du）
项目面积：1 000平方米

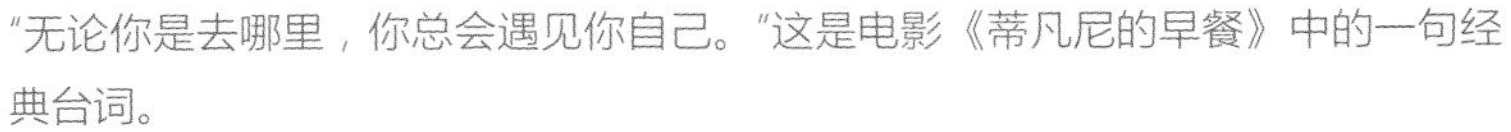

"无论你是去哪里，你总会遇见你自己。"这是电影《蒂凡尼的早餐》中的一句经典台词。

《蒂凡尼的早餐》影片中优雅的霍利扮演者奥黛丽·赫本，总是优雅的穿行于尚未苏醒的纽约第五大道街头，一边吃着早餐一边神情留恋的驻足蒂凡尼珠宝店的厨房。这神情让我联想到了陈小姐，如她欣赏自己心爱之物水晶鞋、水晶灯、水晶龙头等如出一辙。

陈小姐是比华利山庄别墅的业主，她优雅、时尚，酷爱水晶。

比华利山庄位于海口，尽享西秀海滩最为优越的"黄金海岸线"，不仅被称为海口最大的别墅区，同时也堪称海口国际水准的一流高级居住小区。占地18万平方米，集单体别墅、联排别墅、空中别墅于一身，商务会所与休闲会所面积逾7 000平方米。邀请澳大利亚墨尔本柏涛建筑设计公司担纲，而业主在室内则邀请了香港郑树芬先生为主创设计师。

比华利山庄别墅有四层，一层以客厅、中西厨为主；二层则以儿童房、老人房为主；三层为主人房，视觉景观非常好；地下层则是视听室、品酒区、茶室、棋牌室等。

别墅庭院质朴而大气，在自然的气息中体会温馨和舒适。庭院的气氛严谨中带有随意，蜿蜒的路径和大量的绿色植物配上私家独立游泳池，让人流连忘返。
整个别墅室内设计注重风格灵动性，色调和谐，材质呼应，似乎描绘着一幅二十世纪英式古典庄园的生活图景。客厅墙面是胡桃色木饰面，高贵端庄；家具均采用进口意大利家具，在手工材质细节方面非常讲究。设计运用装饰元素和色彩搭配，打造一个古典、安静、舒适的居家环境，让人在快节奏的都市生活中放慢脚步，和家人一起开始品质生活。
紧邻客厅的是餐厅，大理石拼花地面与高贵的实木餐椅完美搭配，而中西厨也成了一大亮点。欧式古典的线条及色彩鲜明的木饰面让你爱上生活，从每一个清晨，每一份早餐开始。
高贵的饰品总是被有品位的人所喜爱。业主喜欢水晶，室内无处不恰如其分地用水晶去表达，无论是客厅的水晶吊灯，还是入户的水晶壁灯，或者玄关的水晶饰品，或是主人房中镶上水晶的水龙头，都让室内显得光彩夺目，高贵而有气质。
孩子的幸福总是有不同的表达方式。儿童房由卧室和玩具房组合而成，独立分开，意在培养孩子的专注力。一侧的父母房采用了中西合璧的设计手法，特别是床头背景的装饰屏风更显稳重、安详。可以说，每一个房间甚至是一层的工人房都是十分高端，因为每一个房间均可称为套房了。
主人房位于别墅的三楼，总统套房标准的主卧面积约为140平方米，集书房、休闲区、衣帽间、卫生间于一体。追求品质生活，是每一个向往美好生活、敢于打破常规的人的天性，而这个大于一户平层居住面积的卧房正象征着业主迤逦的梦想，追逐梦想的权利。
值得一提的是主卧的电视背景两侧的水晶灯及主卧的水晶龙头是业主亲自挑选的，她曾告诉设计师，有些东西希望自己能亲力亲为，在这样的居住空间里生活才是一种享受，因为喜欢，所以幸福。

东南亚风格

东南亚由于地理、气候、风俗等特点，形成了性感神秘、灵动跳跃的地方特色。古老而神秘的土地上，东南亚人的生活方式既崇尚简约质朴，又秉持高尚尊贵；既随性恬淡休闲，又神秘香艳奢华；既流露平和自由，又彰显浓烈个性。人们向往的东南亚，是身心可以得到双重抚慰的地方。

东南亚风格的空间色彩浓烈多变，装饰多取材于天然。造型多以木石结构、砂岩装饰，墙纸被广泛应用，还配有浮雕、木梁等设计。设计风格走自然、平和的路线，还带着一些民俗与宗教的神秘色彩。东南亚风格在设计上逐渐融合西方现代概念和亚洲传统文化，以及东南亚民族岛屿特色，通过不同的材料和色调搭配，在保留了自身的特色之余，产生更加丰富的变化。

东南亚风格家居，高饱和度的橙色抱枕提亮了木色家居空间，令空间显得青春明快。

家具选择

取材自然是东南亚家居最大的特点，由于地处多雨富饶的热带，东南亚家具大多就地取材，比如印度尼西亚的藤，马来西亚河道里的风信子、海藻等水草，以及泰国的木皮等纯天然的材质，散发着浓烈的自然气息。因此在色泽上也表现为以原藤原木的原木色色调为主，或多为褐色等深色系；在视觉感受上有泥土的质朴、原木的天然，材料搭配布艺的恰当点缀，非但不会显得单调，反而会使气氛更为活跃。东南亚家具的设计往往抛弃了复杂的装饰线条，取而代之以简单整洁的设计，为家具营造清凉舒适的感觉。家具在选材上多以木质为主材，造型简约质朴，表面饰以清漆，极具大自然气息。

简朴的设计，选用自然材质的家具。

藤器是泰式家具中最富吸引力而又实惠的品种，以手织棉编成的布艺及高科技修饰的厚身耐用绸，色彩多样，打破了藤艺家具色调沉闷的特点。并且大部分家具采用两种以上的不同材料混合制作而成。藤条与木片、藤条与竹条，材料之间的宽窄深浅形成有趣的对比，各种编织手法的混合运用使家具变成了一件件手工艺术品。

泰式家具多由人工制作，有的质朴粗犷，有的则饰有繁复精巧的花纹，有些还会施以金粉，色彩艳丽，再配上琉璃的绚烂，不论是需要天然朴素，还是要贵气逼人，泰式家具都能满足。

色彩的选择

东南亚风格家饰特有的棕色、咖啡色以及实木、藤条的材质，通常会带来厚重之感。再加上由于东南亚地处热带，气候闷热潮湿，为了避免空间的沉闷压抑，因此装饰用夸张艳丽的色彩冲破视觉的沉闷；斑斓的色彩其实就是大自然的色彩，色彩回归自然也是东南亚家居的特色。软装上采用中性色或者对比色，彰显朴实自然。其中，大户型的建议色彩搭配是以深色配浅色饰品及炫彩窗帘、泰国抱枕；小户型的建议色彩搭配是以浅色搭配炫彩软装饰品。

在东南亚家居中最抢眼的装饰要属绚丽的泰国抱枕，它是沙发或床最好的装饰品。明黄、果绿、粉红、粉紫等香艳的色彩化作精巧的靠垫或抱枕，与原色系的家具相衬，香艳的愈发香艳，沧桑的愈加沧桑。而同样绚丽的泰丝，如果悬挂于床头屏风或架子，泰丝便有了漫不经心的模样，有了随风飘舞的姿态，整个家中便有着一种轻盈慵懒的气氛。

饰品的选择

饰品大多以纯天然的藤、竹、柚木为材质，纯手工制作而成，比如木雕的佛像、木雕的挂板、竹节袒露的竹框相架名片夹、藤编的器皿、木制的芭蕉叶托盘，都带着几分拙朴与地道的泰国味。另外，在植物的选择上，可多采用一些阔叶植物，以莲花搭配一些水生植物，让人有亲近自然的感觉。

中式哲学融入泰式风情

项目名称：深房尚林11栋J1户型——现代泰式风格
设计公司：戴维斯室内装饰设计（深圳）有限公司
设 计 师：曹丽红（Cindy）
项目面积：430平方米

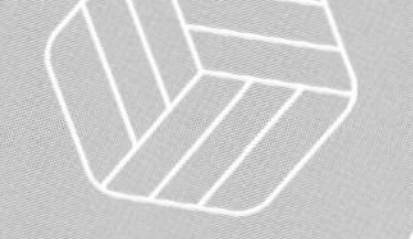

本案面临公园走道，风光旖旎，空气清新，景色怡人。

本案设计灵感来自《易经》阴阳说：男为天为阳，乃厚藏之道；女为地为阴，有生发之理。所以，在硬装处理上极为低调，色彩沉稳厚重，纳文气于室内，尽显空间气质内涵。软装上采用女性的鲜艳色彩，配鲜艳饰品，把女主人热情大方的性格表现得淋漓尽致，让泰式风情与中式哲学相互贯通。

泰国气候温暖，植被茂盛，水果品种多样。泰国的家具多以自然材质为主，木质是泰式空间的基调，而对于色彩的选择，以自然鲜艳的色彩为主。另外，在泰式空间中金色使用的几率也非常高，金色图形或金色饰品，令空间更为高贵华美。本案将中式的秩序、阴阳、收放哲学应用到空间的布局中，以泰式自然明丽的风韵为装饰，呈现一派自然华美的风范。

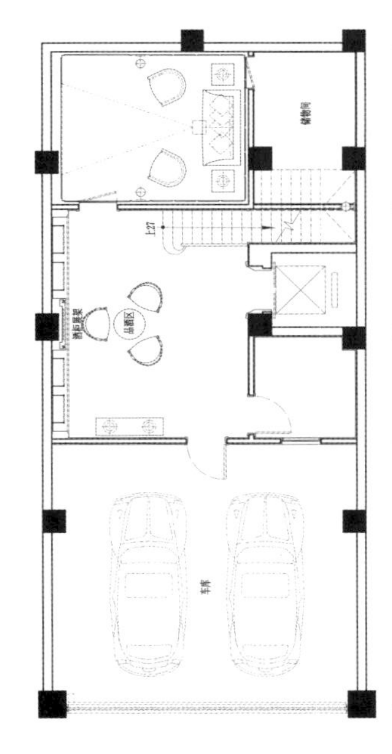

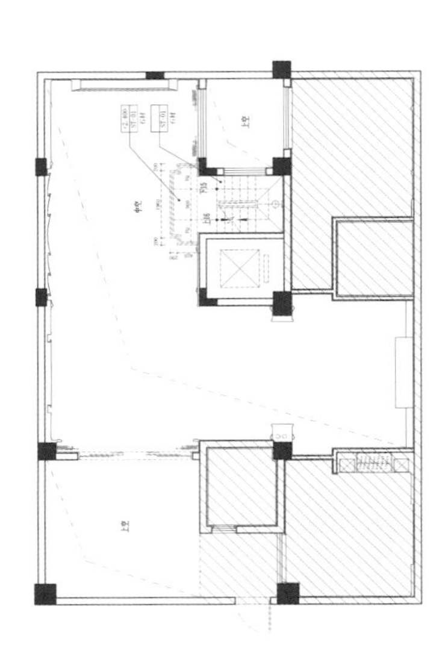

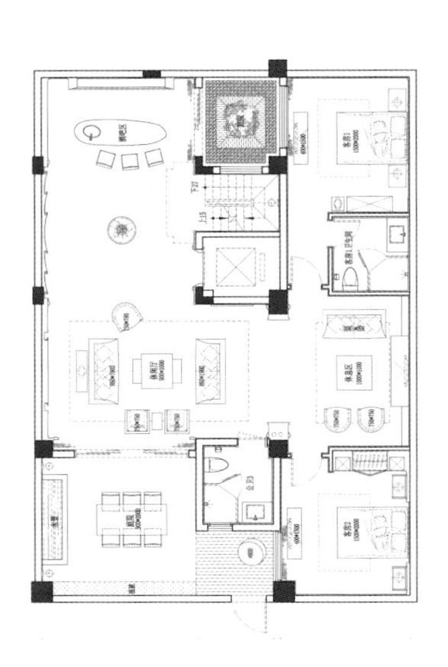

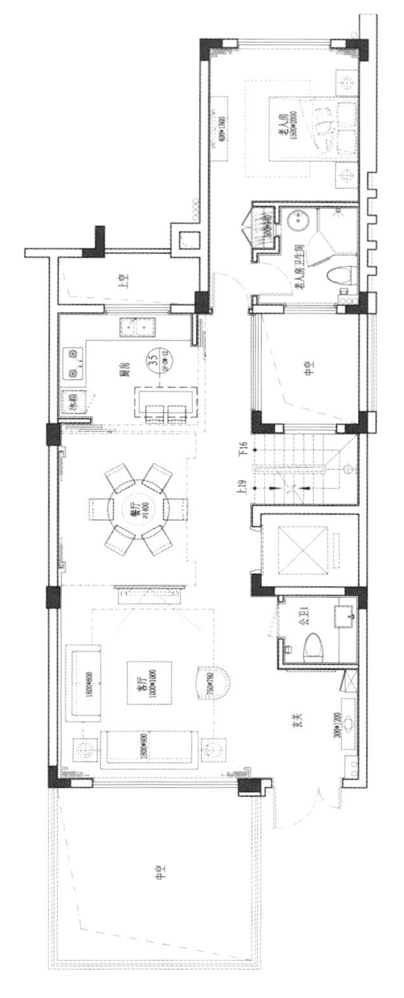

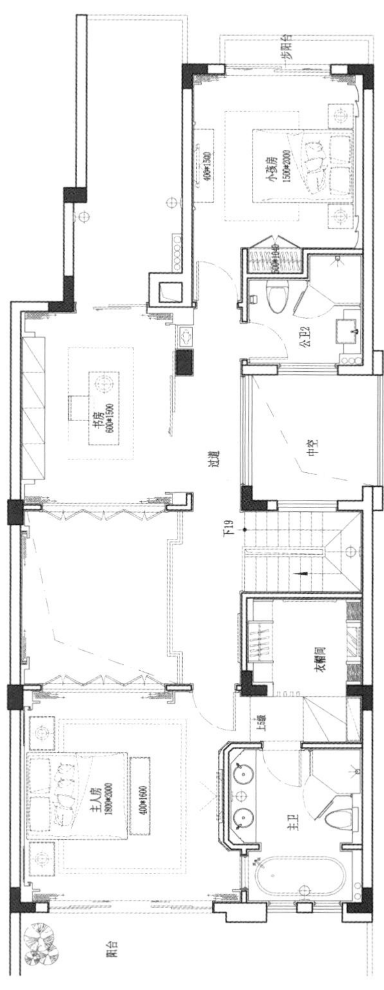

第六章
样板房的灯光

购房者接触样板房的时间只有几分钟，如何在极短时间里俘虏买家的心，使理性的思维在这种特定的环境里变得亢奋、感性，光的运用与灯具的搭配都在其中起非常重要的作用。构成一个舒适的空间，除了空间里实实在在的物质，如家具、用品、艺术品等，摸不到的风、光、水、绿对项目的成交也有非常大的影响。

风指通风对流，也指空气质量，如果样板房是南北对流，开门就有新风穿过，更容易获得客户的好感。

光不仅仅指灯光，也指自然光。对客户来说，厅房厨卫全明设计才是好户型，在我国北方一些项目，卫生间有时做不到全明设计，就会在人心底大打折扣。相配套的灯具也非常重要。本章主要讲光的设计。

水可以理解为风水或气场。相信做高端项目与顶级别墅的开发商，就常常会见客户带风水师来看项目，风水学说有其玄而讲究的一面，风水好，气场佳，对居住者健康有利，当项目风水上佳时，对高端客户的吸引力是非常大的。

绿是景观，也是视野。景观是一个项目极为重要的卖点，样板房一般都选在望出去风景优美或视野开阔的地方，这样的环境才能让客户身心舒畅，促进成交。

灯光设计的基本设置

在样板房中设计一个恰当的光环境非常重要，灯光设计应做到柔和、舒适、有层次感。

照明分三种方式：背景照明、辅助照明、重点照明。

在设计中，要注意三种灯光照明的完美组合。一般来讲，三种照明的光亮度比例是背景照明：辅助照明：重点照明=1:3:5

背景照明要基本保证整体环境明亮，而重点照明可以使装饰品得到很好的强化和美化。具体的比例要视户型本身的特点和设计中空间展示重点的数量而定。在设计照明效果时，有些灯具可以隐蔽。

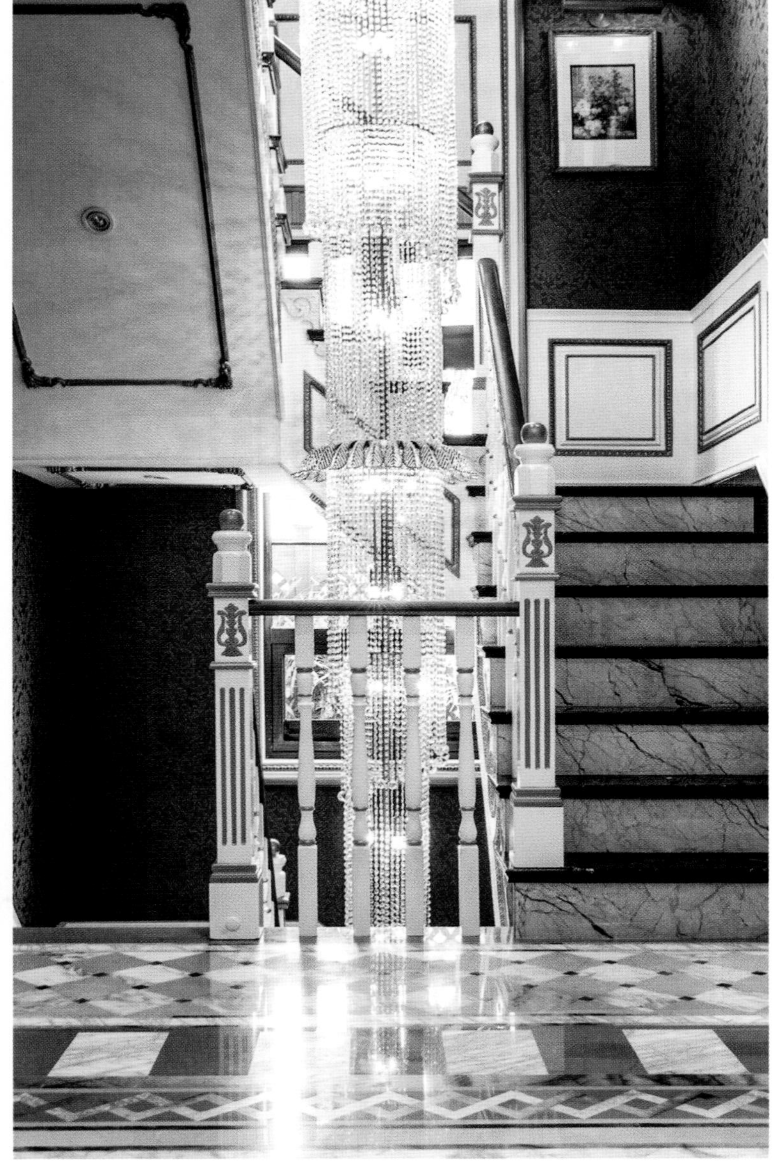

项目名称：融科法式别墅，设计公司：品辰装饰工程设计有限公司

法式的优雅空间，照进工业文明的光芒

项目名称：深圳彭城大东城别墅
设计公司：矩阵纵横
主创设计：王冠、刘瑶
项目面积：480平方米
主要材料：白色木器漆、金箔、龙鳞洞石、白洞石、水洗白橡木地板、地毯、墙纸

法式混搭风格融合工业文明和欧洲装饰独有特色，以宽大、舒适、杂糅而著称。本案一层南北通透采光极佳，与户外庭院配合相得益彰。近7米高的客厅和宽敞方正的餐厅以及开放式厨房无不体现出法式风格宽大舒适的特点。二层女儿房运用蓝色基调，煽情摆件勾画出少女情怀。三层为主人的私有空间，卧室都基本保留了原有层高，空间方正大气。家具饰品延续混搭风格特色。主人房主卫功能齐备，天窗采光设计为主人的生活添加情趣的同时也延展了空间。独立的衣帽间配有临窗梳妆台，方便实用。地下一层为家庭娱乐区，配备影音室、家庭娱乐室，在两个空间中间设置了通往地下二层豪华气派的旋转楼梯，加深了对豪宅的定义。地下二层由主人收藏空间和佣人功能操作空间两部分构成，安静惬意的环境更好地营造出收藏室的神秘感。佣人房和操作区靠近车库入口使主仆分区，方便使用。

众所周知，欧洲人对待家具是本着“越久越好”的心态，这根源于其历史文化，法式混搭风格继承和发展了欧式家具的这一传统，并且在强调巴洛克和洛可可的浮华与新奇的同时，又加入了工业化时尚家具，产生极强的视觉冲击。工业化时尚家具强调简洁、明晰的线条和复古做旧的装饰。家具上大多会加上金属配件或其他粗犷的装饰，突出其个风格个性。总之，各个空间恰当地将家具摆放其中，营造宽大、舒适、杂糅的法式混搭风格。

各个功能区的灯光效果

光是营造空间氛围的魔术师，不同功能区的灯光设计，会营造出不同的心理感受。

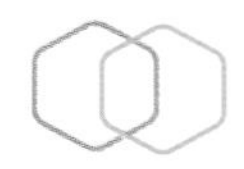

门厅照明

门厅是样板房让人建立第一印象的地方，灯具要安置在进门处和深入室内的交界处，这样可避免在访者脸上出现阴影。在门厅内的柜上或墙上设置灯光，会使门厅内产生宽阔感。

客厅照明

客厅的照明配置运用主照明和辅助照明的灯光交互搭配，来营造空间的氛围，一般客厅采用以下三种层次的照明。

直接照明：在客厅的正上方采用吸顶灯、吊灯等，根据不同的灯罩呈现出不同的光照品质。

辅助式照明：选用站式立灯，让光线打到天花板再反射到空间，制造光强的效果。在壁画的上方架设嵌灯，可使画面更具立体感。

集中式照明：选用LED射灯，在摆放具有设计感的装饰品的位置，用灯光突显装潢风格。

一般来说，电视背景是客厅的焦点，在电视背景周围安装LED灯带或射灯，一方面是重点突出，另一方面则可以弱化视野里的明暗对比，缓解视觉疲劳。

在沙发角落加一盏落地灯或茶几上摆放一盏台灯，便可以营造舒适悠闲的氛围。

项目名称：仙林金谷，设计公司：无相设计

项目名称：融科法式别墅，设计公司：品辰装饰工程设计有限公司

项目名称：融科法式别墅，设计公司：品辰装饰工程设计有限公司

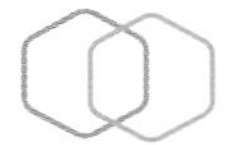

餐厅照明

餐厅照明的重点是使餐桌上的饭菜看起来颜色饱满真实，让就餐者的面部柔和自然。白炽灯光源的暖色光，不但可以增进食欲，而且会显得人气色更佳，肌肤红润细腻。适合选择光源显色指数在85以上、暖色光、控制眩光的吊灯。吊灯高度高于桌面70~80厘米，不要遮挡住对方视线，让光线打在人脸上的效果较好。

项目名称：融科法式别墅，设计公司：品辰装饰工程设计有限公司

项目名称：浙江·尚御府，设计公司：SCD（香港）郑树芬设计事务所

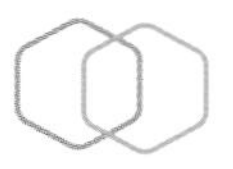

厨房照明

厨房照明主要是满足台面操作的照明、橱柜内物品的照明和清洁地面时的照明。台面操作的照明选用显色指数在85以上的光源，可以让食物颜色表现得更真实。

厨房的基础照明，灯具形式选择性较多，吊灯、吸顶灯或筒灯，根据房间整体风格和目标客户定位选择即可。

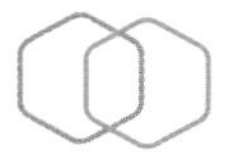

卧室照明

卧室是让身心得到休息的地方，最适合的是自然光。灯光以营造温馨、宁静气氛为主。选择灯具及灯具的安装位置时要避免眩光刺激眼睛。低照度、低色温的光线可以起到促进睡眠的作用，间接光源与暖色光是卧室照明的首选。化妆灯光源可同时采用白炽灯与LED灯双重方案，以分别适应室内和室外两种着妆环境。夜用灯光建议设置在床边的两侧，不会太过刺眼，也避免影响到家人的休息。

项目名称：东方之冠36A，设计公司：天坊室内计划

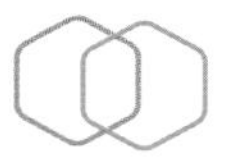

卫生间照明

卫生间照明也同样以基础照明为主，适当地在马桶上方、卫生间的镜子周边补充灯具，如镜前灯、壁灯。卫浴间的灯饰以简单为主，一般整体照明选用LED灯，柔和光线能让沐浴过程更放松。一定要选择高密封性、防水性灯罩，避免水汽影响照明质量。

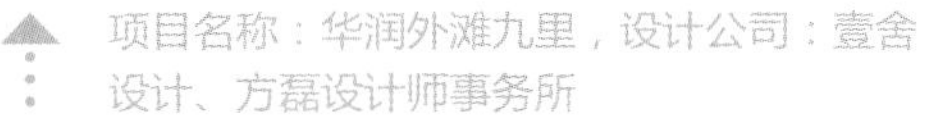

项目名称：华润外滩九里，设计公司：壹舍设计、方磊设计师事务所

项目名称：仙林金谷，设计公司：无相设计

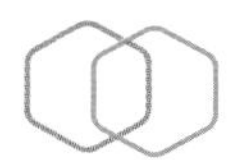

书房照明

书房灯光首要要求是护眼。长时间看书、写字或是盯着荧光屏，被视物与周边的亮度维持在5:1是最理想的。为了保护眼睛，直观台灯时，灯光不可直射或折射眼睛，必须严格消除刺眼光。除了放置台灯外，建议还放一盏立灯，朝天花板上打光以确保环境照明的均衡与充足。

项目名称：融科法式别墅
设计公司：品辰装饰工程设计有限公司

海派文化与英伦时尚的新生

项目名称：绿地海珀玉晖8号公寓
设计公司：集艾设计
设计总监：黄全

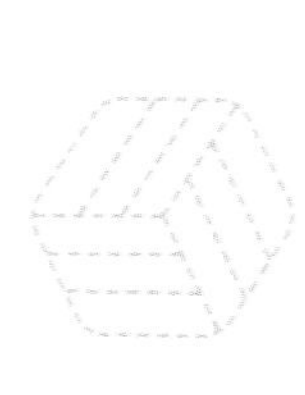

“暮霭挟着薄雾笼罩了外白渡桥的高耸的钢架，电车驶过时，这钢架下横空架挂的电车线时时爆发出几朵碧绿的花……”这是茅盾《子夜》的第一个场景，他给了外白渡桥。黄埔外滩和苏州河在外白渡桥相会，为文学影视的灵感拍打出重重浪花，《新上海滩》的冯程程和许文强在这里约会，《半生缘》的曼桢驻足愁思于这里，《太阳帝国》里的平民逃难经过这里……这座风华绝代的老桥，记诵着百年来上海人的悲欢离合。

美国著名的城市理论家、社会哲学家刘易斯·芒福德（Lewis Murnford）说：“如果说在过去，一些名都大邑，如巴比伦、雅典、巴格达、北京、巴黎和伦敦，都曾经成功地主导过它们各自国家民族历史的话，那首先是因为这些大都城都始终能够成功地代表各自的民族历史文化，并将其绝大部分留传给后世。”

集艾设计黄全对此深以为然。在他看来，城市是人类文明的主要发源地，是历史的积淀与文化的结晶，“苏州河是一座古老的河流，外白渡桥是一座传承百年的桥梁，它们承载着上海人的悲欢、故事和追忆。作为设计师，将现实与创造相通相融，让设计承载和突出人文的内涵，是一个永恒的课题。”

上海绿地海珀玉晖8号公寓，位于长宁区白玉路苏州河畔，是一座酒店公寓，在功能方面提供了早餐吧、行政酒廊、VIP休息区、健身房、信报间、快递间、洗

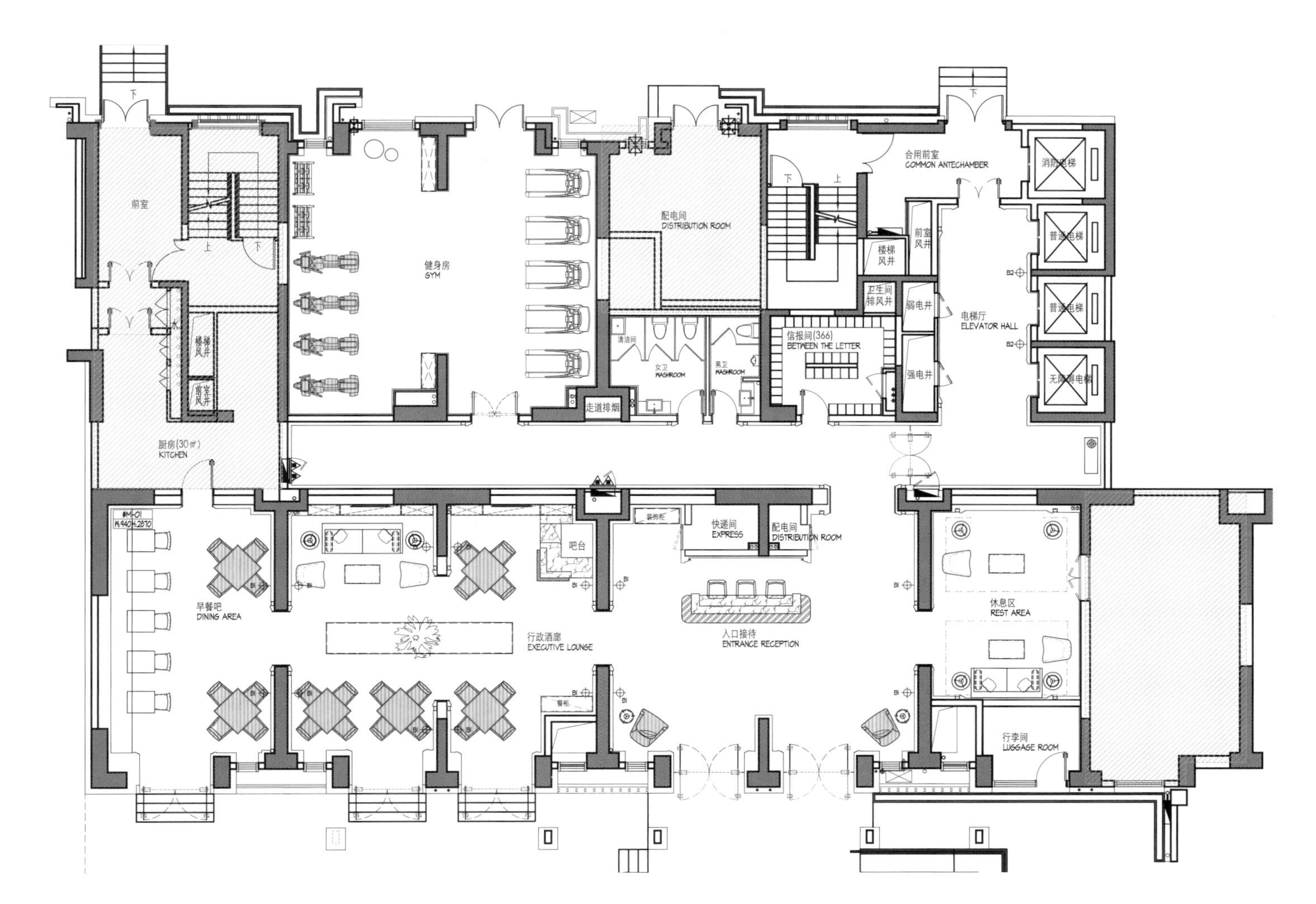

手间等日常休闲的功能区域，酒店体系的配套设施比较齐全。室内和软装设计由中国知名设计公司集艾设计担纲。

在设计中，创意总监黄全先生一面关照和重塑人们的心灵寄托，葆有对传统的致敬，一面真正发挥生活在这个时代的创意，海纳百川兼容并蓄，设计以海派文化为背景，融入新英伦时尚元素，将二者的经典元素进行提炼、萃取、融合，最终呈现出视觉的饕餮盛宴。

大堂空间给人一种时尚英伦范儿，设计师以简单的线条框套和金属网的透光灯带结合来勾勒空间的线条感，顶面的做法也打破了以往的传统吊顶手法，采用了小叠级和仿铜不锈钢嵌条的结合，以平面构成"线和面"的手法去处理，去强调细节和加强品质感，把英伦风打造得更加时尚、轻奢。

后现代形式的奢华尊贵的接待台，背景墙是层级叠加石材线条框套，内嵌见证着上海发展的"外白渡桥"装饰挂画，年逾百岁的外白渡桥默默承载着城市的荣辱，在许多海外游子心中，外白渡桥的身影却已化成一缕抹不去的乡愁，以这样一种主背景的形式拉近与客户之间的距离，产生一种心灵上的共鸣。

早餐吧和行政酒廊，空间景深比较深，设计师在此建筑结构基础上，做了空间层次上的叠加，石材叠级门套不锈钢收口，和灯带金属网结合细节做法也在重复延续，给人一种空间套空间的延伸感，增加了空间趣味性，灯光透过金属网散出光晕柔和地洒在顶面，使得空间层次更加丰富。

VIP休息区，满足客户的等候和休息的区域，更体现了人文关怀。通过门洞进入到一个横向的走廊，廊道左边可以看到墙面通过金属网的灯带依次延伸，墙面的层次更丰富。

公寓内空间的设计摒弃了传统豪宅惯用的复杂的形体分割、繁复的装饰，而是用简化的手法和不张扬的材质来处理空间，以营造一个更适合居住的空间。

黄全说："真正好的设计不仅是概念上的创新，还是体现在细节处的人文关怀与商业价值的呈现上，空间的美是最基本的要求，但美背后营造出的新的生活方式才是设计师的最终目的。"

在这个空间里，设计以人性化角度为设计出发点，营造温馨、舒适的氛围，收纳空间也被最大限度地挖掘，让不大的空间能涵盖一家人生活所需物品的收纳。

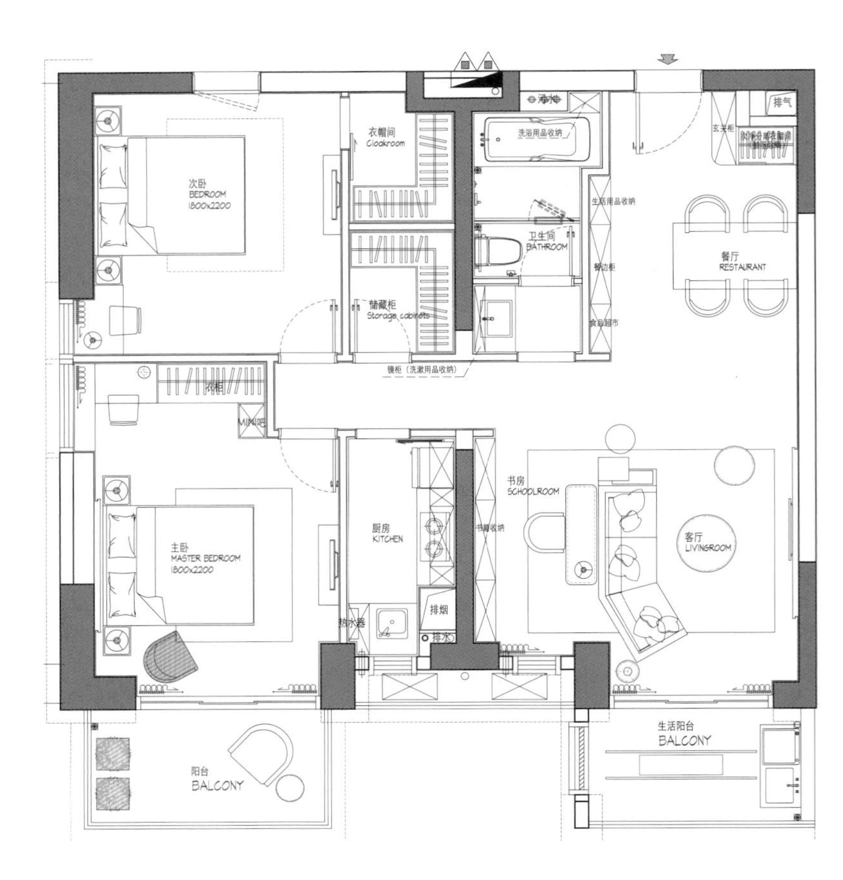

排气
玄关柜
次卧
BEDROOM
1800x2200
衣帽间
Cloakroom
洗浴用品收纳
生活用品收纳
卫生间
BATHROOM
餐边柜
餐厅
RESTAURANT
储藏柜
Storage cabinets
食品超市
镜柜（洗漱用品收纳）
衣柜
MINI吧
书房
SCHOOLROOM
主卧
MASTER BEDROOM
1800x2200
厨房
KITCHEN
书籍收纳
客厅
LIVINGROOM
排烟
热水器
排水
阳台
BALCONY
生活阳台
BALCONY

美式灯：与欧式灯相比，美式灯似乎没有太大区别，其用材一致，美式灯依然注重古典情怀，只是风格和造型上相对简约，外观简洁大方，更注重休闲和舒适感。其用材与欧式灯一样，多以树脂和铁艺为主。

中式灯：与传统的造型讲究对称，精雕细琢的中式风格相比，中式灯也讲究色彩的对比，图案有清明上河图、如意图、龙凤、京剧脸谱、水墨画等中式元素，强调古典和传统文化的神韵。中式灯的装饰多以镂空或雕刻的木材为主，宁静古朴。其中仿羊皮灯光线柔和，色调温馨，给人温馨、宁静的感觉。仿羊皮灯主要以圆形与方形为主。圆形的灯大多是装饰灯，起画龙点睛的作用；方形的仿羊皮灯多以吸顶灯为主，外围配以各种栏栅及图形，古朴端庄，简洁大方。还有一些以藤艺和竹编制作的灯，显得质朴天然。

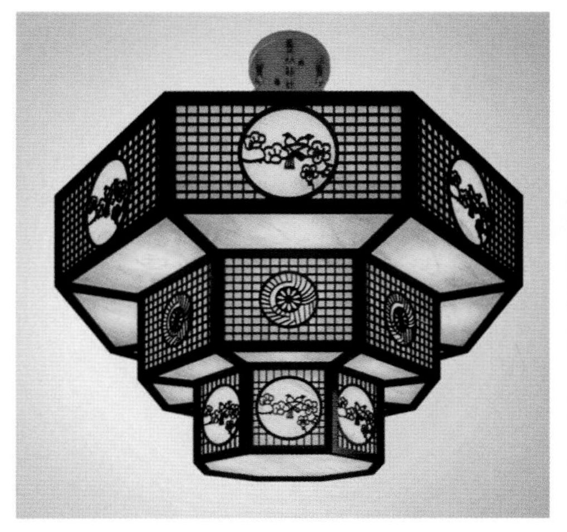
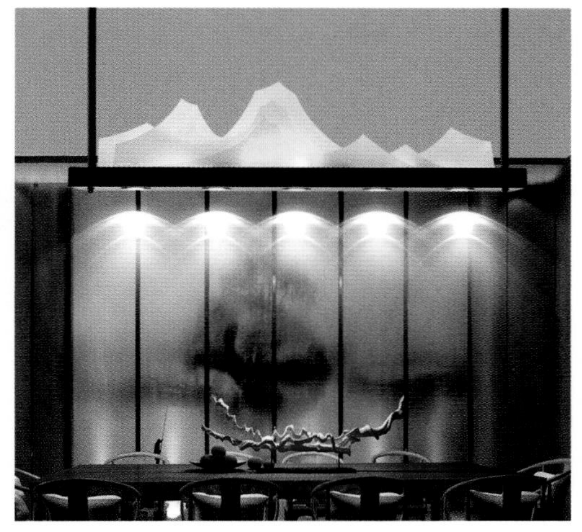

水晶灯的选择

十八世纪，第一盏水晶玻璃制造的吊灯在法国面世。当时的水晶灯是一种非常贵重的装饰品，只应用在皇宫和宫邸。现今，水晶灯已不再是皇室和贵族的专利品，在高端样板房、会所和酒店常能见到水晶灯的晶莹身姿。在一些顶级住宅还会定制专属造型的水晶灯，以显示项目设计的别出心裁。

古典水晶吊灯悬挂的水晶粒一般有以下形态：八角珠、水晶球、水滴、梨形、枫叶形等。

光源：如果想水晶将光线折射成精彩悦目的七色光谱，最好使用较小的透明玻璃光源（灯泡、卤素灯）。切勿使用磨砂、奶白色或彩色的电灯泡。水晶最好将卤素灯的强光折射出来，而玻璃光线上的小点光线更能产生最佳的扩散效果。

反射：是指当部分光线进入水晶或接触水晶表面时产生的反射现象，这也是造出彩色光谱的基本原理。表面越平滑，反射便越强。

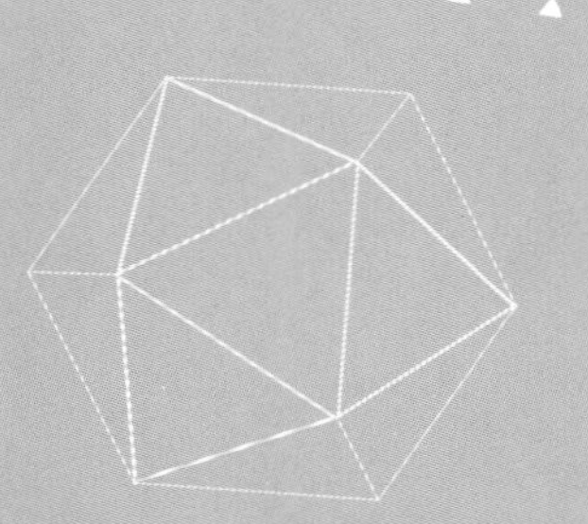

第七章 样板房的软装

空间中所有可移动的元素统称软装，软装的元素包括家具、饰画、地毯、花艺、绿植、窗帘、床品、灯饰、饰品、摆件等（一般不含家电）。形象一点讲，把房子倒过来，所有能掉下来的东西，都算软装。

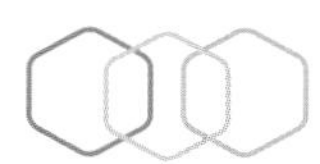

用软装描述生活场景

如果说硬装搭起了一座舞台，那么软装上演的就是一部人间轻喜剧，设计师是这部戏的导演和编剧，以核心消费群为主角，根据他们的偏好与阅历，为他们设定一段理想的人生。在这个美妙的人生里，屋主可能是成功的企业家，或是社会精英阶层，还可能是个海归，或者是艺术创作者，或者是IT工程师，他们或热衷收藏，或喜爱音乐，或坐拥书城，或擅于交际，或热衷旅游，或热爱美食，或钟情花艺，这个家里有他们喜欢的文化形态，精心收集来的藏品，喜欢的音响，动听的音乐，孩子们在这个童话般的城堡里嬉戏，女主人拥有一整间房的华服。他们在客厅开派对招待尊贵的客人，在餐桌用高贵的礼仪共享美食，在茶室里共品茶香，在私家影院享受精彩大片，生活就像电影一样。如果这样还远远不够，设计师希望这个故事能有生动的情节、丰富的细节以及和别人不一样的生活。或许可能会是这样构思：业主来自一个书香世家，写得一手好字，对传统文化颇有研究，他新近得了一个古董陶瓷，正邀三五好友一起鉴赏，在庄重对称的古典中式大厅里，他坐的雕花酸枝榻上摆着古董陶瓷和放大镜，朋友来了，各上一盏香茶。他的妻子出得厅堂，入得厨房，还是一位小有名气的服装设计师。餐桌上的花艺是她的杰作，厨房里的冰箱、厨具、水果蔬菜、调味品、碗盆碟杯等一应俱全，随时准备招待来聚会的朋友。她招呼过客人后，回到自己的二楼工作室，继续她未完成的服装创作，工作室里陈列着面料布版和时尚杂志，桌上摆放着服装速写，桌旁服装模特身上穿着她设计的服装。她还是个多肉植物的爱好者，从窗边桌台上多处种植的多肉植物，可以想见她有用心搭配和栽种这些植物。他们有两个孩子，一个喜欢看《加勒比海盗》，房间装饰成海底世界，床也是一艘木头海船，等着主人到船上发号施令，搏击风浪。另外一个是快乐的小女生，喜欢乐高机器人，用乐高拼出来的乐高机器人可以随指令行动，墙上、桌上、窗台上都是乐高机器人模型，小女生喜欢的公仔娃娃与机器人和谐共处。生活的故事描绘得越清晰，越能通过软装将生活的痕迹留下来。客户来参观这里，不是看一所房子，看到的是一种生活状态，主人只是暂时离开，生活随时继续。这样的生活谁不向往。软装不仅仅是让空间好看，还丰富着生活的细节，越生动越能打动人心。客户在考察参观过程中，不知不觉把自己带入居家的角色，很容易产生认同感。

高明的营销，不正是让客户心动，进而产生行动吗？样板房的空间设计，就是沿着客户的参观路线，不断完善生活情境，进而打动客户的无声营销。能与客户产生心理共鸣的，未必是金碧辉煌的装修，昂贵不知所云的品牌堆砌。它有时可能是厨房岛台的自由交流，琴室小几上的一只香炉，书房墙上挂的一件乐器，父母房墙上的一幅画，儿童房那记忆中的变形金刚。用文化营建氛围，用爱好激发兴趣，用细节感动人心，就是软装设计的诀窍。至于做什么样的主题、用什么样的颜色、选什么样的家具、摆什么样的艺术品，当设计师心中的画面呼之欲出时，技术层面的问题都将不再是问题。

软装设计平衡的4个原则

样板房的软装设计受户型面积、设计风格、目标客户群喜好等因素影响，但总归有一些规则可循。

平衡使用功能

室内陈设布置的根本目的，是满足生活在室内空间的人的需求，不仅是满足全家人的生活所需，更让人有一个舒适的家居环境。使用功能的平衡，成了软装设计的第一步，家具、灯具、器物的选择，要符合空间使用要求。如窗边的阅读区，需要一把舒适的单椅、一盏落地灯、一个小几，以及舒适的毯子，共同构成一个具有休闲性质的阅读区。整体平衡房间的功能，如果这个卧室有长条的躺椅，下一个卧室就不需要有相近功能的布置。

平衡样式和风格

对室内陈设的一切器物的选择，都要在风格协调统一的原则下进行选择。决定风格的是房间的客观条件（户型、建筑风格、硬装风格）和目标客户群的主观因素（性格、爱好、志趣、职业、习性等）。围绕这一原则，合理化地对室内装饰器物陈设、色调搭配、装饰手法等做出选择。

每一种装饰元素都有它独有的风格，需要去读懂每个家具物件、艺术品传达的情绪，才能做出协调一致的组合。天下风格千变万化，只要甄别出同一风格的物品，进行有效的整合，就能达到良好的组合效果。

平衡位置和数量

家具是家庭的最主要器物，它的摆放所占的空间，与人的活动空间有直接关系，要合理配置使所有家具的陈设在平面布局上格局均衡、疏密相间，在立面布置上要有对比与照应，切忌堆积在一起，不分层次、空间。

平衡色彩

首先色调要在一个统一的基调下，通过局部的对比变化，让色彩层次在统一中求变化，又在变化中求统一，实现整体和谐。

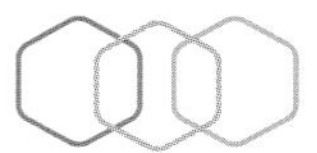

样板房的功能设置和包装重点

对于样板房的各功能区，设计师都配置了一些基本的家具设备和丰富的软装饰品，样板房与家装区别最大的地方在于其配置更多的是形式重于功能。如为了突出空间感会省略一些实际功能设置，有时设计师会用展示柜替代衣柜。

样板房主要空间单元的设施配置表如下（12项往后是大户型或高端项目的功能配置）：

序号	房间名称	一般配置的设施、装饰
1	玄关	储物柜、造景、隔断等
2	客厅	沙发茶几组、电视墙柜组、装饰桌几、造景区、墙面装饰等
3	餐厅	餐桌椅、造景、主墙等
4	主卧	床及床头柜组、床靠及背景组、步入式衣柜或衣柜、造景等
5	孩卧	床及床头柜组、床靠及背景组、展示柜或衣柜等
6	客卧	床及床头柜组、床靠及背景组、展示柜或衣柜等
7	书房	书桌、书柜、展示柜、造景等
8	厨房	橱柜、厨具、冰箱、消毒柜等
9	主卫	台盆、马桶、淋浴房、浴缸等
10	次卫	台盆、马桶、淋浴房等
11	储藏室	组合柜、储物箱等
12	起居室	沙发茶几组、装饰桌几、壁炉、造景区、墙面装饰等
13	娱乐室	娱乐台、椅子、茶桌、展示柜、造景等
14	室内花园	花房、观景椅、秋千、造景等
15	健身房	运动器材、休息桌椅、淋浴室等
16	视听室	憩息沙发茶几组、电视墙柜组、音响、书报架等

“好钢要用在刀刃上”，项目的包装也是一样，在预算有限的情况下，明确样板房的包装重点，将预算投入重点区域或重点效果的展示上，能达到更有力的煽情和引导效果。

根据样板房的特征，包装重点顺序为：

客厅（家庭厅）—餐厅—玄关—主卧室—主卫生间—书房（工作室）—小孩卧房—主卧室衣帽间—老人卧房—主通道—影音室—厨房—客房—其他卫生间—其他空间

在软装氛围营造上，重点突出煽情空间，如客厅、玄关、餐厅、主卧室、小孩房、书房（工作室）主卫、主卫衣帽间、起居室、影音室等。

项目名称：浙江·尚御府，设计公司：SCD（香港）郑树芬设计事务所

家的奇趣梦想

项目名称：益田集团别墅210户型
软装设计：戴维斯室内装饰设计（深圳）有限公司
主创设计：曹丽红（Cindy）
项目面积：430平方米

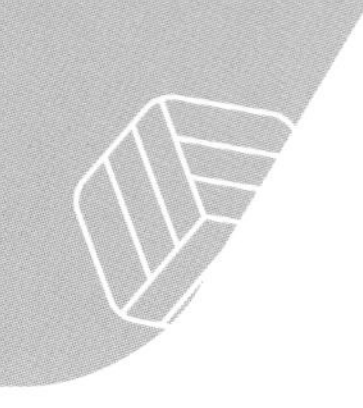

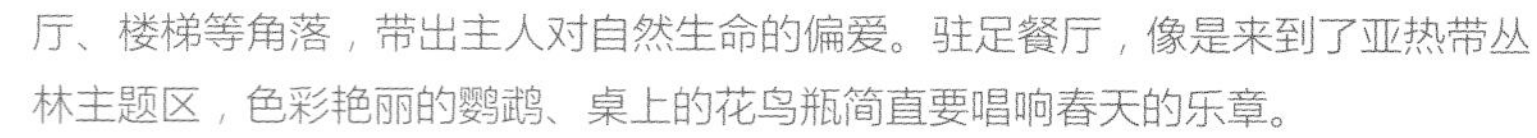

家是安放心灵的地方，也是收藏梦想的港湾。本案以简欧风格为基调，打造一个轻盈、自在、舒怀、畅达的空间。

现代家庭没有沉重的历史负担，却有全世界追逐梦想的勇气。不拘于一时一地的束缚，在全世界采撷生活灵感，混搭出美好生活的图景。

在双层挑高的大客厅里，落地大窗将自然风景引入室内，屋内以简约大方的欧式生活蓝本为基础，以精美的图腾、优雅的家具、华美的镜饰描述尊贵生活的非凡质感。侧面的小厅以孔雀为装饰主题，栖停一角的孔雀一身华光流彩的羽裳，带给人视觉的震撼。它是来自亚热带丛林的纪念品。孔雀的主题饰品还分布在餐厅、楼梯等角落，带出主人对自然生命的偏爱。驻足餐厅，像是来到了亚热带丛林主题区，色彩艳丽的鹦鹉、桌上的花鸟瓶简直要唱响春天的乐章。

性情开朗的主人，喜欢带朋友到负一层的娱乐区共享欢乐的时光。楼梯转角处，非洲的长颈鹿、亚洲的大象好像在向你打招呼，空间里也洋溢着欢快的因子。在斯诺克台球桌上赛上几场，棋逢对手的对决感受畅快淋漓，梅花鹿也在墙上探出头来，注目欢乐的人群。

沿着铁艺栏杆的扶手上行，楼梯走廊贴满了主人一家游历世界各地的照片，那是许多美好体验凝结成的瞬间。

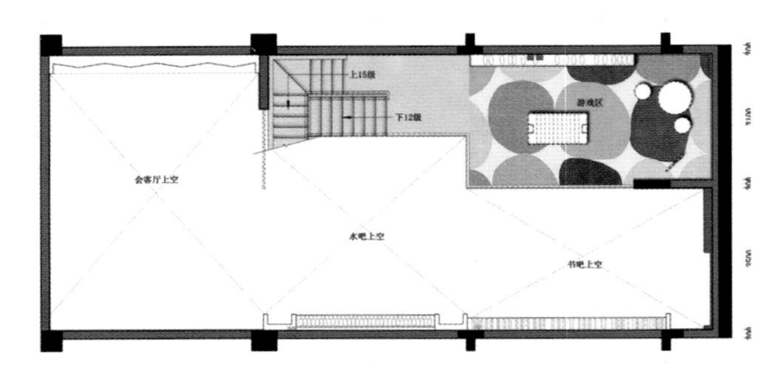

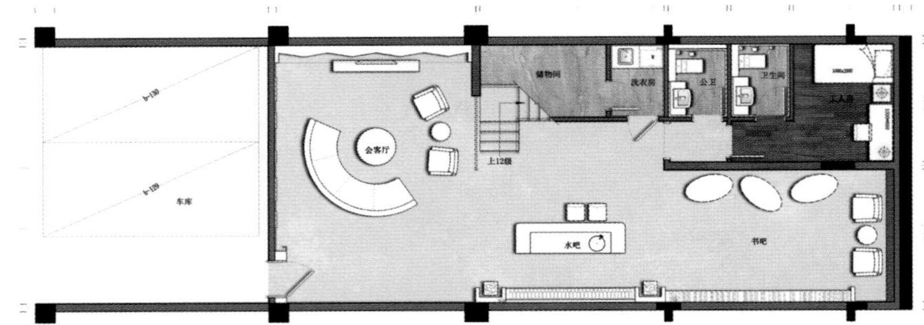

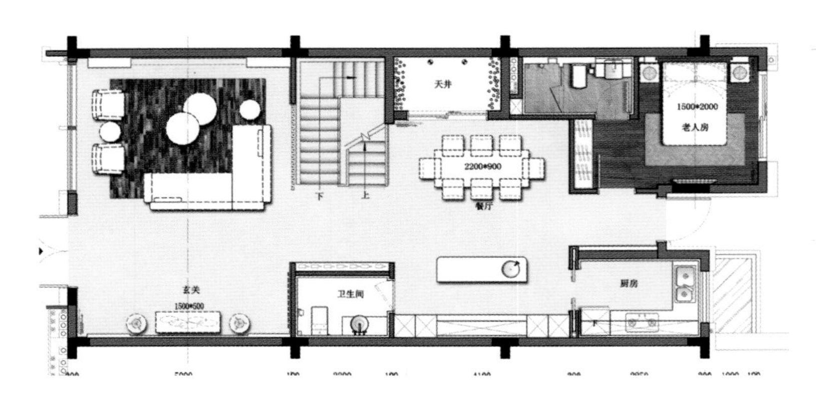

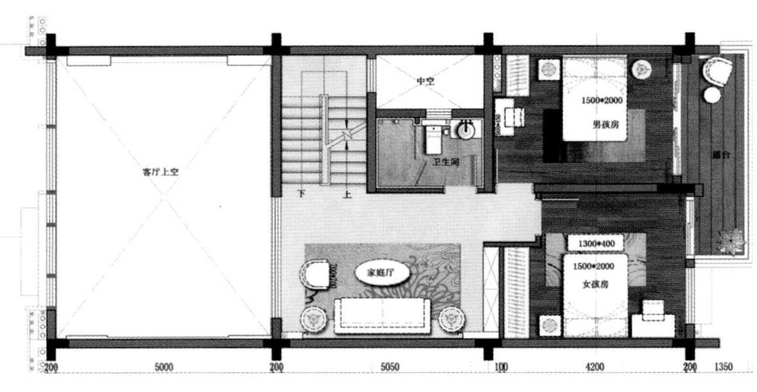

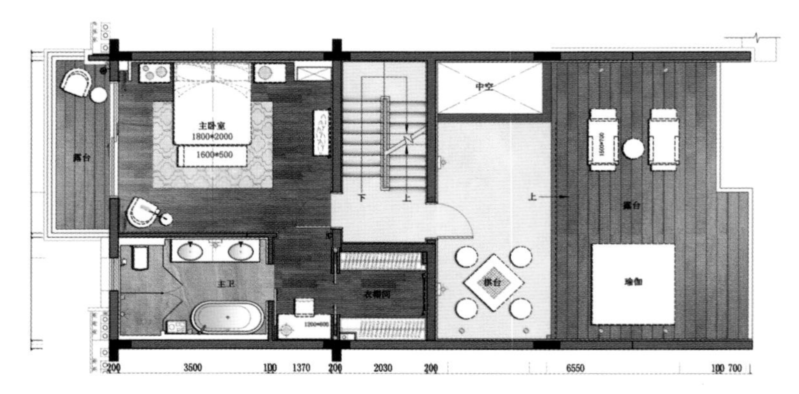

楼上卧房是主人一家的私密生活领地。主卧房床头墙上一排飞鸟飞过，让人想起了"落霞与孤鹜齐飞，秋水共长天一色"的诗句。欧式化妆台的两侧，西式落地鸟笼，让人发出会心的微笑。男孩是个热爱运动的阳光少年，他的卧室以睿智的蓝作装饰，清爽简约。女孩房采用红粉菲菲的甜美设计，贴合这个年纪爱做梦的特征，但愿她的美梦一生不用醒。

在这个空间设计中，人与自然、设计与生活、整体与部分、东方与西方、传统与现代、新潮与复古、坚硬与柔软共存，以绮丽想象将简欧的浪漫与雅致发挥到极致。

COMMERCIAL
THE ATLAS OF LIVING DECOR

第八章 样板房的色彩

色彩的作用

室内环境的色调是室内设计的灵魂，对室内空间的舒适度有很大的影响，对客户的心理也有很大的影响，通过色彩规划，可以达到以下效果。

冷暖、进退、膨胀、轻重、软硬、兴奋感与沉静感、华丽与质朴的不同空间表情；

通过色彩整合的不同肌理（质感）的家居配饰品，也会让客户有不同的视觉感受和体验；

不同色彩肌理的软装配饰品，也可以实现弥补空间单调感，呈现立体、生动的空间表情的效果；

可以通过色彩的远近视觉变化，拉伸、扩大空间，增加空间的层次感；

通过色彩的对比，也可以实现大方、庄重、高雅、富有现代感的空间气质。

调节环境的色调

在一个固定的环境中，最具有感染力的是色调，不同的色调可以引起人们不同的心理感受。人们在观察空间色调时，自然会把眼光放在占大面积色彩的陈设物上，这是由室内空间环境色调决定的。

室内环境色调可分为主体色调、背景色调、点缀色调三个主要部分。

主体色调是占软装中等面积的色彩，是整个室内空间环境的主色调，是室内环境色调最重要的组成部分，也是构成各种色调的最基本的因素。背景色调常指室内固有的天花板、墙壁、门窗、地板等大面积色彩。背景色彩宜采用灰色调，以发挥其作为背景色的衬托作用。点缀色调是室内空间环境中最易于变化的小面积色彩，如靠垫、摆设品，往往采用最为突出的强烈色彩或对比色彩。

室内色彩配置必须符合空间构图原则，充分发挥室内色彩对空间的美化作用，正确处理协调和对比、统一与变化、主体与背景的关系。

在小户型样板间室内色彩设计时，首先要定好空间色彩的主色调。色彩的主色调在室内气氛中起主导和润色、陪衬、烘托的作用。

形成室内色彩主色调的因素很多，主要有室内色彩的明度、色度、纯度和对比度，其次要处理好统一与变化的关系。

为了取得统一又有变化的效果，大面积的色块不宜采用过分鲜艳的色彩，小面积的色块可适当提高色彩的明度和纯度。此外，室内色彩设计要体现稳定感、韵律感和节奏感。为了达到空间色彩的稳定感，常采用上轻下重的色彩关系。室内色彩的起伏变化，应形成一定的韵律和节奏感，注重色彩的规律性，切忌杂乱无章。

形式和色彩服从功能

室内色彩设计应满足功能和精神的要求，使人们感到舒适。在功能要求方面，应认真分析每一个空间的使用性质，如儿童居室与起居室、老年人的居室与新婚夫妇的居室，由于使用对象不同或使用功能有明显区别，空间色彩的设计就必须有所区别。

处理色彩的明暗关系

所谓色彩的明暗是指色彩的浓度和在光照下反射光线的明亮程度。众所周知，红、绿、蓝被称为三原色，通过三原色的组合和加入其他色彩可以创造出千变万化的色彩，而众多色彩的深浅程度、明亮程度不同，带给人的心理感受也是完全不同的。

首先，在进行样板房的色彩设计时，要充分了解不同装饰材料本身的特性。因为相同的涂料在不同装饰材料上显示的色彩是有差异的，由于感光度和反射率的不同，不同的色彩之间也会相互影响，呈现不同的效果。还必须考虑在自然光和人工光源下，色彩会出现怎样的变化和偏差。

其次，要根据室内的装饰风格、功能和周边环境等因素综合考虑使用怎样的色调。一般来说，从美学角度出发，室内装饰的颜色一般采用自上而下由浅到深的变化。如顶棚和墙的上部可采用白色，墙裙可采用较深的颜色，而踢脚线和地板应采用深色，这样可给人一种比较稳重的感觉，反之会给人一种头重脚轻的压抑感。

再次，色彩的深浅和明暗会带给人不同的心理感受，影响心情。浅色显得明亮，使人感到舒适；深色显得阴暗，使人容易感到疲劳；过分鲜艳的红、黄等色容易使人感到急躁；红、橙、黄等暖色调会使人感到温暖和欢乐；蓝、绿、紫等冷色调使人感到安静和清冷。因此，在进行样板房室内装修时，应尽量采用白色或浅色，不朝阳的房间和卧室宜采用暖色调，而朝阳的房间和客厅宜采用冷色调。

最后，色彩对空间感的影响也不小。因为深浅不同的色调会引起人们对距离感觉的差异。通常，高明度的暖色调，如红、橙、黄等色调会使人感到距离较近，空间相对来说变小。而低明度的冷色调，如淡蓝、浅绿、浅紫等色调会使人感觉距离较远，空间相对变大。因此，如果房间较小，一般应采用冷色调装饰，反之可采用暖色调装饰，避免房间有空旷的感觉。

项目名称：泰和红树林，设计师：连君曼

因一棵树在此安家

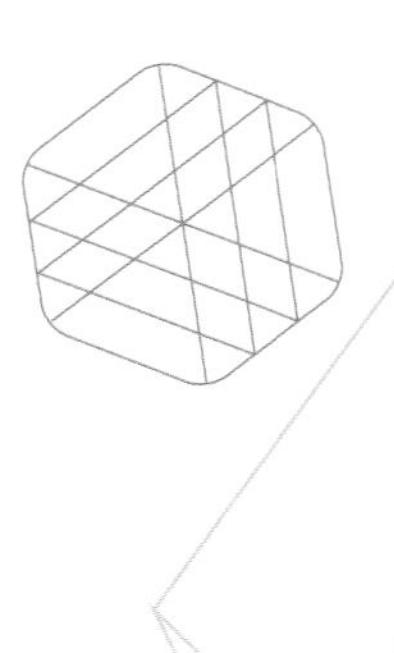

设计公司：大观·自成国际空间设计
设 计 师：连自成

公共空间：欲自然而通达

在建筑中营造室内环境，达到与室外的呼应，是颇具挑战的事情。客厅中巨大而通透的落地窗是天然的桥梁，但原始空间的开阔让人没有从外而内的过渡感。设计师新造了玄关，完善了空间功能的同时更是给了主人走进家中收拾心情的片刻时光，把都市的凡嚣排除在门外，转化为内部空间的家的气息。

在客厅和阳台的空间中，大量镜面的使用让绿意从外引入到内，通过光的调节来营造视觉的舒适。通透感是室内公共空间的核心，也是设计师想要达到的目的，整个空间中尽量保留了生态原始的材质，不管是手工的痕迹还是木头的质感，最真实最自然的一面被放大，从外面的群山绿树走进这个家中。多种材质之间又和谐共处，体现了设计师对材料卓越的掌控能力。

女主人希望居住空间的气氛富有朝气，设计师将室外的郁郁葱葱延伸至室内，再以此为源头，远离繁琐的细节，大面积运用简单色彩，创造一种宁静、简洁的内部装饰。不同饱和度、不同明度的颜色和花纹相互交叉配合，活泼却不繁杂。

主卧空间：随势态而灵动

主卧是女主人父母居住的地方，弧形墙面显得现代而非中庸，似乎不太符合老人的处世之道，而如怀抱太极柔意又似水流动的曲线让人十分舒服，对设计师来说确实是一个难题。空间序列的安排因为弧形面临许多问题，在有限的居家空间中更是难以辗转发挥。设计师最终巧妙地使用了环绕动线，让主要空间功能随着建筑曲线顺势而为，排列组合，充分利用每一个角落，以达到空间的和谐，使功能和形态结合完美融合。

木质、米色中性色调的宁静，丝光黑色羽饰床品的厚重沉稳，穿插了亮黄色进行调和，少许色彩的点缀，赋予了空间更多活力。

家居装饰：显品位而博物

二十世纪五六十年代是充满变革的黄金时代，创新而富有梦想。于是设计师将自己所痴迷的时代色彩，在空间构建出怀旧的主调性。出自夏洛特·佩里安（Charlotte Perriand）之手的富有强烈的风格派抽象几何的Nuage"云"书架给住宅带来了简练、自由、畅快的现代感，支撑着空间现代设计的一角。VENTAGLIO红黑黄组成的强烈的立体主义色块结构的茶几，继续着夏洛特对色彩的无限激情，营造了一种纯粹的抽象的家居印象。

每一个细节，从窗帘到餐椅，都是独具匠心的。形态与空间走势相连，B&B黄色定制的餐椅，以及黄色的落地窗帘，这样形状及色彩的划分给空间带来一种动态的平衡关系，通过错层关系产生一种和谐与韵律感。家中的艺术博物馆点缀在各个空间中，由内而外，形成了另一种文化的循环，与居家空间的人本精神暗暗相合，还与远山、屋外的树共生，在此安家，心有所归。

第九章 样板房的建造指标和成本

样板房面积计算

临时样板房与实体样板房装饰面积计算为：
样板房套内需要装饰面积+半室外露台或全露台面积/2

样板房成本

1. 设计费
邀请设计公司参与投标的费用，支付给设计公司的设计费用。
2. 硬装成本
（1）样板房天、地、墙装修工程及现场加工固定柜类；
（2）厨房设施；
（3）卫生间、淋浴房洁具；
（4）表箱后水电系统设施及管线安装（不包括空调及热水器）；
（5）嵌入式灯具（非外露装饰灯具类）。
3. 软装饰成本
（1）可移动家具、布艺、挂画、装饰灯具、装饰地毯、装饰品及庭院情景家具；
（2）开放时第一次的花艺、绿植配饰。

项目名称：九间堂，设计公司：达观设计

样板房单方成本

样板房的投入计算方式有很多，有的是按营销预算提取一定百分比做样板房装修成本，有的是按单套户型价格的20%~30%计算样板房装修成本。不同城市、不同地段、不同档次、不同定位、不同类型等都会影响样板房的装修成本。摊到每套房产上的单方成本差异也会很大。这里取的是一个市场大约的平均值。

产品	别墅（元/平方米）				花园洋房（元/平方米）				高层（元/平方米）			
项目	合计	设计	硬装	软装	合计	设计	硬装	软装	合计	设计	硬装	软装
装饰成本统计中线区间单方成本	7800	800	3500	3500	6200	700	3000	2500	5400	700	2500	2200
建议单方成本	8200				7000				6000			

影响样板房成本的主要因素

1. 设计成本

（1）境外设计及高端设计单位成本高；

（2）复制项目成本低。

2. 硬装成本

（1）采用进口材料、高级材料成本高；

（2）变更多成本高；

（3）风格影响木制作多成本高；

（4）复制项目（优化及材料替代）成本低。

3. 软装成本

（1）采用进口装饰品成本高；

（2）采用艺术品做装饰成本高；

（3）采用高档家具成本高；

（4）复制项目利用成本低；

（5）善于利用软装项目的沉淀资源可降低成本。

降低样板房成本方式

1. 体验区样板房装修尽量采用复制方式；
2. 筛选本土具有较强复制能力的设计单位合作；
3. 对少数必须由境外公司设计的项目，尽量注意对材料的替换；
4. 对材料面板和设计效果做好预控，避免大量变更的出现；
5. 原则上不建临时样板房；
6. 管控好软装的处理方式，寻找成本补差。

绿城玫瑰园别墅

软装设计：绿城家居

集合法式风格的优雅、高贵和浪漫，追求整体的诗意意境，力求在气质上给人深度的感染，又加入一些热情活力的元素，如红色，体现了法国人的热情，不论是床头台灯图案中娇艳的花朵，或是窗前微微晃动的休闲椅，在任何一个角落，都能体会到主人悠然自得的生活和阳光般明媚的心情。透过这些局部的法式元素的勾勒，从整体上营造出一种高贵自由、浪漫热情的法式新古典风格。客餐厅的搭配设计中，饱满而浓郁的色泽带着些许的性感与暖暖的优雅，金色家具的融入提升整个空间的奢华度。海蓝色的主卧，色泽柔和而纯净，它带着大海的宽广无垠与浪漫梦幻，蓝色是色彩体系中最能表达自由与率性的颜色。将其带入到家中，用俏皮的橘红抱枕点缀，勾勒浪漫的动感。老人房，黛色和米色的运用让整个心灵都安静平和，而棕色家具的注入更是使得这种触觉愈发浓重。因而此时需要做的便是将这种荡涤心灵的效果推向极致。与阳光同色的窗帘，如同枝桠间散落的斑驳阳光，柔和的色泽中带着温暖人心的触觉。梦幻冰淇淋色的女孩房，甜蜜可

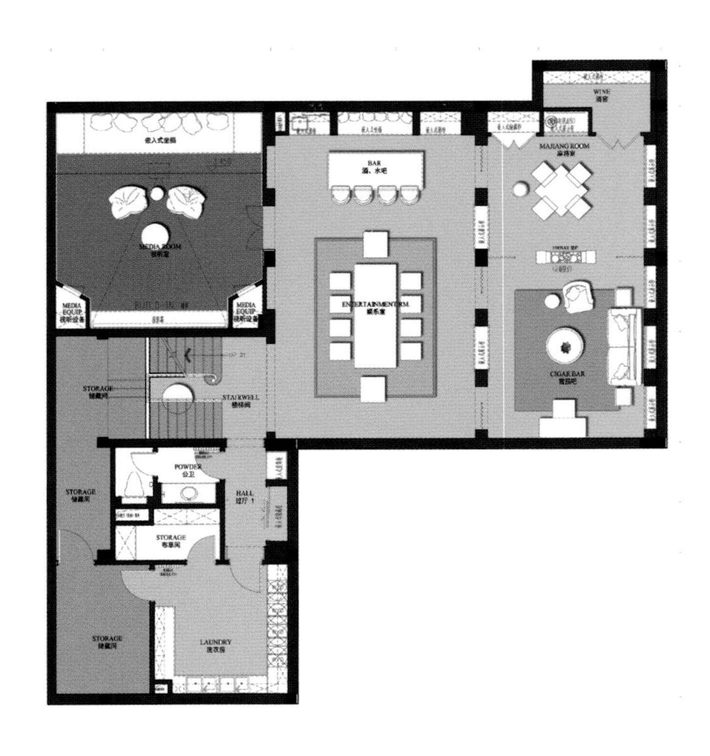
WINE
酒窖
嵌入式坐榻
BAR
酒、水吧
MAJIANG ROOM
麻将室
MEDIA ROOM
视听室
MEDIA EQUIP
视听设备
MEDIA EQUIP
视听设备
ENTERTAINMENTRM
娱乐室
CIGAR BAR
雪茄吧
STORAGE
储藏间
STAIRWELL
楼梯间
POWDER
公卫
STORAGE
储藏间
HALL
过厅 1
STORAGE
布草间
STORAGE
储藏间
LAUNDRY
洗衣房

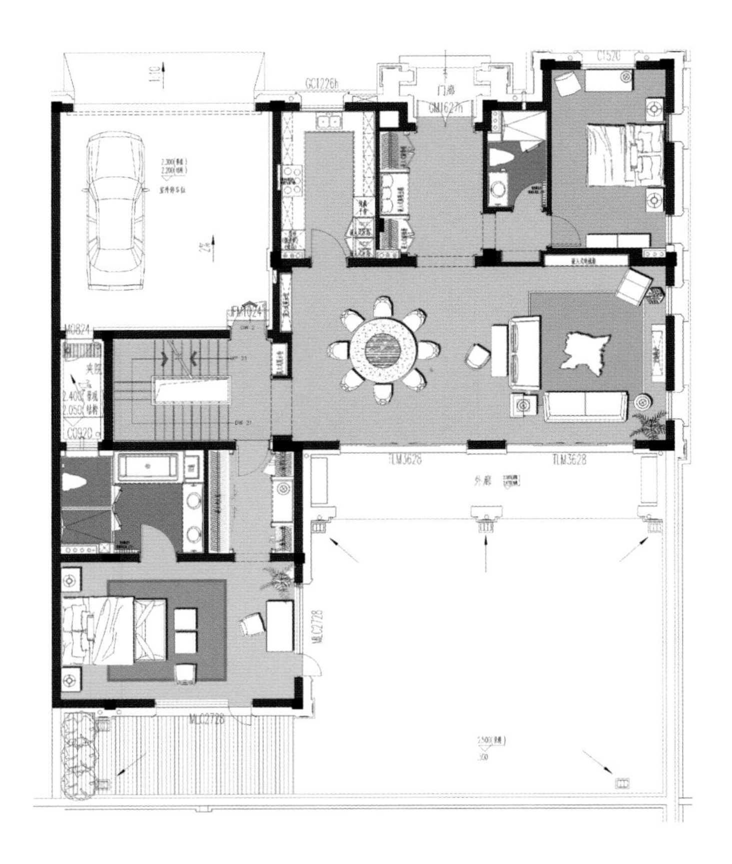
门廊
外廊
TLM3628
TLM3628

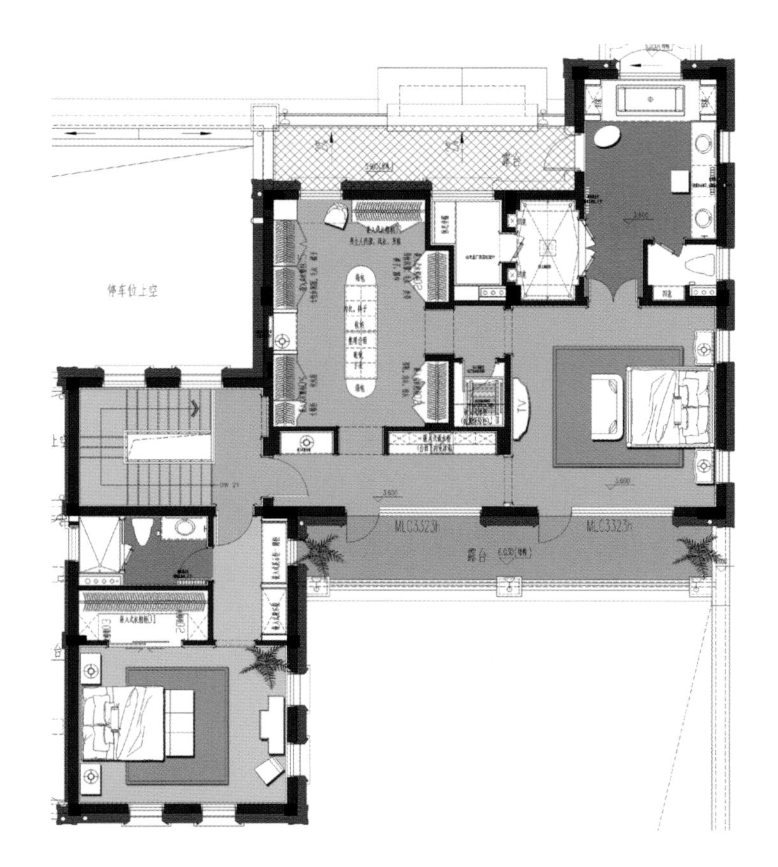

参考资料

样板房 楼盘销售现场最具杀伤力的销售道具
百度百科
中式空间设计美学饱含中国传统文化之精妙
NVC雷士照明
KSL设计事务所

爱。淡淡的冰淇淋粉、静谧蓝、清爽绿，为家注入甜美梦幻的新活力，仿佛空气里都充满冰淇淋般冰爽的清新味道。男孩房，藏蓝色自带深邃气质与贵族光环。它犹如一支夜空幻想曲，赋予房间无尽想象，藏蓝与红色的搭配突出小男孩活泼的个性，为沉闷的卧室空间带来无限活力。

图书在版编目（CIP）数据

如何打造最具销售力样板房 / 黄滢，马勇 主编．– 武汉：华中科技大学出版社，2017.8

ISBN 978-7-5680-3150-9

Ⅰ．①如… Ⅱ．①黄… ②马… Ⅲ．①住宅 – 室内装饰设计 Ⅳ．① TU241

中国版本图书馆 CIP 数据核字（2017）第 171058 号

如何打造最具销售力样板房
Ruhe Dazao Zuiju Xiaoshouli Yangbanfang　　黄滢 马勇 主编

出版发行：华中科技大学出版社（中国·武汉）　电话：（027）81321913
武汉市东湖新技术开发区华工科技园　邮编：430223

责任编辑：熊纯　责任监印：朱玢
责任校对：冼沐轩　装帧设计：筑美文化

印　刷：深圳当纳利印刷有限公司
开　本：965 mm × 1270 mm　1/16
印　张：18
字　数：144 千字
版　次：2017 年 8 月第 1 版 第 1 次印刷
定　价：298.00 元（USD 59.99）

投稿热线：13710226636　duanyy@hustp.com
本书若有印装质量问题，请向出版社营销中心调换
全国免费服务热线：400-6679-118 竭诚为您服务